中等职业教育国家规划教材

全国中等职业教育教材审定委员会审定

# 化工制图习题集

## 第四版

路大勇　董振柯　主编

化学工业出版社

·北京·

本习题集为《化工制图》第四版的配套用书,主要内容包括制图的基本知识、投影基础、基本体、组合体、图样画法、标准件和常用件、零件图、装配图、化工设备图及化工工艺图等。

本习题集与《化工制图》第四版(董振柯、路大勇主编)同步,精选题目,题量、难度适中,内容全面且重点突出,题型多样,并附有部分习题答案和三维立体图。

本习题集配有 AR 辅助学习系统。

本习题集主要适用于中等职业技术教育化工类、制药类专业的制图教学,也可作为其他相近专业以及成人教育和职业培训的教材或参考用书。

### 图书在版编目(CIP)数据

化工制图习题集/路大勇,董振柯主编. —4 版. —北京:化学工业出版社,2019.6 (2024.10重印)
中等职业教育国家规划教材 全国中等职业教育教材审定委员会审定
ISBN 978-7-122-34096-2

Ⅰ.①化… Ⅱ.①路…②董… Ⅲ.①化工机械-机械制图-中等专业学校-习题集 Ⅳ.①TQ050.2-44

中国版本图书馆 CIP 数据核字(2019)第 049608 号

---

责任编辑:高 钰　　　　　　　　　　　　　　装帧设计:刘丽华
责任校对:边 涛

---

出版发行:化学工业出版社(北京市东城区青年湖南街 13 号　邮政编码 100011)
印　　装:河北延风印务有限公司
787mm×1092mm　1/16　印张 8　字数 205 千字　2024 年 10 月北京第 4 版第 4 次印刷

---

购书咨询:010-64518888　　　　　　　　　　售后服务:010-64518899
网　　址:http://www.cip.com.cn
凡购买本书,如有缺损质量问题,本社销售中心负责调换。

---

定　价:25.00元　　　　　　　　　　　　　　　　　　　　　　版权所有　违者必究

# 中等职业教育国家规划教材出版说明

为了贯彻《中共中央国务院关于深化教育改革全面推进素质教育的决定》精神，落实《面向21世纪教育振兴行动计划》中提出的职业教育课程改革和教材建设规划，根据《中等职业教育国家规划教材申报、立项及管理意见》（教职成〔2001〕1号）的精神，教育部组织力量对实现中等职业教育培养目标和保证基本教学规格起保障作用的德育课程、文化基础课程、专业技术基础课程和80个重点建设专业主干课程的教材进行了规划和编写，从2001年秋季开学起，国家规划教材将陆续提供给各类中等职业学校选用。

国家规划教材是根据教育部最新颁布的德育课程、文化基础课程、专业技术基础课程和80个重点建设专业主干课程的教学大纲编写而成的，并经全国中等职业教育教材审定委员会审定通过。新教材全面贯彻素质教育思想，从社会发展对高素质劳动者和中初级专门人才需要的实际出发，注重对学生的创新精神和实践能力的培养。新教材在理论体系、组织结构和阐述方法等方面均作了一些新的尝试。新教材实行一纲多本，努力为教材选用提供比较和选择，满足不同学制、不同专业和不同办学条件的教学需要。

希望各地、各部门积极推广和选用国家规划教材，并在使用过程中，注意总结经验，及时提出修改意见和建议，使之不断完善和提高。

教育部职业教育与成人教育司

# 移动增强现实（AR）辅助教学系统 APP 使用说明

使用本书提供的 APP，直接扫描书中有 AR 标识的插图，与之对应的三维形体即可通过 AR 虚实结合的方式在移动设备中呈现出来，读者可以对呈现的三维模型进行交互的操作。操作步骤及注意事项如下：

1. 使用手机或平板电脑（安卓系统）扫描下面的二维码，下载 APP 应用程序。

《化工制图习题集》第四版（中职）

2. 安装过程选择信任该程序、允许运行。
3. 点击图标运行程序，会出现章节目录，选取相应的章节，系统会调用手机摄像头，进入扫描状态。
4. 将摄像头对准本书相应章节有 标识的图，扫描后即呈现三维立体。
5. 立体出现后，如有抖动现象，移动手机，使摄像头脱离被识别图，即可消除抖动。
6. 读者可对三维立体进行如下交互的操作：旋转（单手指触控）；缩放（双手指触控）；也可以通过右下角的按钮对立体进行主视、俯视、左视三个方向的投影。
7. 如有使用问题可咨询刘老师，buaawei@126.com，qq：14531705。

# 第四版前言

本习题集在《化工制图习题集》第三版（2010年出版）的基础上修订而成，为《化工制图》第四版（董振柯、路大勇主编）的配套用书，主要适用于中等职业教育化工、制药类专业的制图教学，也可作为其他相近专业以及成人教育和职业培训用书或参考用书。

本次修订开发引入了基于增强现实（AR）技术的辅助学习系统，读者利用手机或者平板电脑（安卓系统）扫描移动增强现实（AR）辅助教学系统APP使用说明中的二维码下载安装该系统，打开软件选择相应的章节，系统进入相机状态。此时扫描该章节具有AR标识的习题图，即可逼真地展示三维立体模型，并可交互进行旋转、放大、缩小。需注意应在完成相应习题后才通过此系统检查验证。

本次修订更新了国家标准以及计算机绘图软件版本。

参加本习题集修订编写工作的有：路大勇、董振柯、孙安荣，刘伟，全书由路大勇、董振柯主编。

《化工制图习题集》AR辅助学习系统由河北工业大学刘伟及其团队开发。

由于水平所限，书中难免存在错漏之处，欢迎读者批评指正。

编者
2019年5月

# 第一版前言

本习题集与《化工制图》教材同时出版，配套使用，主要适用于各类中等职业教育的化工机械和化工工艺类专业的制图教学（90～150学时），也可作为其他相近专业以及成人教育和职业培训的教材或参考用书。

本习题集的各位编者由全国化工中专教学指导委员会从全国范围内遴选产生，并就编写提纲和初稿组织了多次审定会议。书中融合了各位编、审者多年的教学实践经验，具有较强的先进性和实用性，并在教材的体系结构及某些内容的处理上有所突破和创新。如在投影基础部分加强了几何元素投影的坐标分析，以培养和建立以坐标为基础的逻辑思维方法，做到形象思维和逻辑思维相结合；机械制图部分中，适当调整了传统机械制图教材的编排次序，以方便教学，增加了零件和装配体结构及功能分析的题目，以引导学生用联系的观点来看待单个零件。

习题集的内容与教材同步，循序渐进，精选题目，题量适中，重点突出。对于重点内容，按不同难度设置了较多的题目，使教师有一定的选择余地，其中带※号部分作为选学内容。对于零件和装配体的测绘，任课教师需根据学生的实际情况和专业特点，选择适当的零部件实物。

随着近年来计算机绘图技术的日益普及，对尺规作图中诸如"黑、光、亮"的要求已有下降的趋势，对徒手绘图技巧的要求有上升的趋势，但规范的尺规作图对理解和掌握几何元素及形体的投影特性无疑是很有帮助的。本习题集本着尺规作图和徒手绘图并重的原则，每一部分均安排了一些徒手绘图的题目。教师可根据实际情况，选择习题集中的另外一些题目，布置为徒手绘图练习。此外，对于将计算机绘图和制图采用融合模式教学的学校，可将本习题集中的部分题目作为上机练习题目。

本习题集采用了现已颁布实施的《技术制图》、《机械制图》、《极限与配合》等最新国家标准和有关行业标准。

本习题集的全部图例均采用计算机绘制、处理，为下一步电子挂图及课件的开发制作打下了良好的基础。

参加本习题集编写工作的有：沧州工业学校路大勇、太原化工学校吕安吉、河北化工学校董振柯、兰州石化职业技术学院许立太、徐州化工学校林慧珠。全书由路大勇统稿。

本习题集由新疆化工学校陈征主审。参加审稿的有：湖南省化工学校王绍良、吉林化工学校朱凤军、广西化工学校谢文明、上海化工学校茹兰、安徽化工学校沈保庆、杭州化工学校宋杏荣、北京市化工学校段志忠。主审及各位参审认真审阅了稿件并提出了诚恳的意见，在此表示衷心的感谢。

沧州工业学校、河北化工学校对本书的编审工作提供了大力支持，在此表示诚挚的谢意。

由于我们水平有限，书中缺点甚至错误在所难免，欢迎读者提出宝贵意见。

编　者
2000 年 9 月

# 第二版前言

本书在《化工制图习题集》第一版（2001 年出版）的基础上修订而成，为《化工制图》（第二版）教材的配套用书。

本书是在全国化工教学指导委员会组织下，参考各使用学校的意见进行修订的，主要适用于中等职业教育化工类专业的制图教学，也可作为其他相近专业以及成人教育和职业培训的教材或参考用书。

这一版仍保持与教材同步，形象思维与逻辑思维相结合，形体分析与结构分析相结合等特点。主要内容包括几何作图、尺寸标注、投影基础、基本体、组合体、图样画法、标准件和常用件、零件图、装配图、化工设备图及化工工艺图等。同时，主要对第一版的内容作了如下调整与修订。

1. 对习题进行了精选和压缩，删去了一些偏难的题目，以适应制图学时等方面的需要。
2. 各章除作图类型题目外，均增加了一些填空和选择题，并附有部分习题答案或提示。
3. 附录中增加了读图类题目的三维立体图库，以帮助学生读图和自我测试。
4. 全书的轴测图由手工润饰改为计算机处理，增强了全书的规范性和一致性。
5. 按现已颁布实施的《技术制图》、《机械制图》等最新国家标准和有关行业标准，对相关内容进行了修订和更新。

本书配有多媒体教学课件，涵盖本书的全部习题，提供习题答案和必要的提示，还利用虚拟现实技术开发了习题集中涉及的全部三维模型库，为教师作业讲评提供了极大方便。需要该课件的学校和老师可与编者或化工出版社联系。

本书由路大勇、董振柯修订，由于水平所限，书中难免存在错漏之处，欢迎读者批评指正。

编 者

2005 年 2 月

# 第三版前言

本书自 2000 年出版以来，以其优良的品质受到了广大读者和业内人士的一致肯定。本次修订是应广大读者的要求，在《化工制图习题集》第二版（2005 年出版）的基础上完成的，为董振柯、路大勇主编的《化工制图》（第三版）教材的配套用书。

本书是在全国化工教学指导委员会组织下，参考全国范围内众多使用学校的意见进行修订的。主要适用于中等职业教育化工、制药、石油类专业的制图教学，也可作为其他相近专业及成人教育和职业培训的教材或参考书。

本次习题集的修订，仍保持与教材同步、形象思维与逻辑思维相结合、形体分析与结构分析相结合等特点。主要内容包括制图的基本知识、投影基础、基本体、组合体、图样画法、标准件和常用件、零件图和装配图、化工设备图、化工工艺图、计算机绘图等。同时，对第二版的内容主要作了如下调整与修订。

1. 按现已颁布实施的《技术制图》、《机械制图》等最新国家标准和有关行业标准，对相关内容进行了修订和更新。
2. 增加了徒手绘图和计算机绘图的内容。
3. 适当压缩了剖视图的内容。
4. 适当压缩了读零件图和读装配图的内容。

本书配有多媒体教学课件，涵盖本书的全部习题，提供习题答案和必要的提示，还利用虚拟现实技术开发了习题集中涉及的全部三维模型库，并将免费提供给采用本书作为教材的院校使用。如有需要，请发电子邮件至 cipedu@163.com 获取，或登录 www.cipedu.com.cn 免费下载。

参加本书修订编写工作的有：董振柯、路大勇、王宏、刘鹏、郑智宏、胡晓琨、李林、边风根、王秀杰、赵强、王苏东、梁红娥、赵建军、张瑞、罗驰敏等，全书由路大勇、董振柯主编。

由于编者水平所限，书中难免存在错漏之处，敬请读者批评指正。

编 者
2010 年 6 月

# 目 录

第一章 制图的基本知识 …………………………… 1
    1-1 字体练习 …………………………………… 1
    1-2 图线练习 …………………………………… 4
    1-3 尺寸注法 …………………………………… 5
    1-4 几何作图 …………………………………… 7
    No 1 平面图形 ………………………………… 9
    1-5 徒手作图练习 ……………………………… 11
    1-6 填空与选择 ………………………………… 13

第二章 投影基础 …………………………………… 14
    2-1 点的投影 …………………………………… 14
    2-2 直线的投影 ………………………………… 16
    2-3 平面的投影 ………………………………… 18
    2-4 形体的三视图 ……………………………… 20
    2-5 填空与选择 ………………………………… 23

第三章 基本体 ……………………………………… 25
    3-1 平面立体 …………………………………… 25
    3-2 回转体 ……………………………………… 26
    3-3 截交线 ……………………………………… 27
    3-4 简单形体的尺寸标注 ……………………… 31
    3-5 轴测投影 …………………………………… 32

第四章 组合体 ……………………………………… 35
    4-1 相切和相交 ………………………………… 35
    4-2 相贯线 ……………………………………… 36
    4-3 画组合体三视图 …………………………… 38
    4-4 组合体的尺寸标注 ………………………… 40

    No 2 组合体 …………………………………… 42
    4-5 填空与选择 ………………………………… 43
    4-6 补漏线 ……………………………………… 44
    4-7 读图与选择 ………………………………… 47
    4-8 补画第三视图 ……………………………… 49

第五章 图样画法 …………………………………… 52
    5-1 基本视图和向视图 ………………………… 52
    5-2 局部视图和斜视图 ………………………… 53
    5-3 全剖视图 …………………………………… 54
    5-4 半剖和局部剖视图 ………………………… 60
    5-5 剖视图的简化和规定画法 ………………… 62
    5-6 断面图 ……………………………………… 63
    5-7 选择题 ……………………………………… 65
    No 3 表达方法综合运用 ……………………… 67

第六章 标准件和常用件 …………………………… 68
    6-1 螺纹及螺纹紧固件 ………………………… 68
    6-2 键及销连接 ………………………………… 72
    6-3 齿轮 ………………………………………… 73
    6-4 滚动轴承及弹簧 …………………………… 74
    6-5 填空与选择 ………………………………… 75

第七章 零件图和装配图 …………………………… 77
    7-1 零件图和装配图入门 ……………………… 77
    No 4 零件图的视图选择和尺寸标注 ………… 79
    7-2 机械图样的技术要求 ……………………… 81
    7-3 装配图画法 ………………………………… 85

7-4 读零件图 ················································ 86

7-5 读装配图 ················································ 89

No 5 由零件图拼画装配图 ································ 93

No 6 由装配图拆画零件图 ································ 95

No 7 装配体测绘 ············································ 95

## 第八章 化工设备图 ········································ 96

8-1 查表确定化工设备标准零部件尺寸 ··············· 96

No 8 拼画化工设备图 ······································ 98

8-2 读图填空 ················································ 100

## 第九章 化工工艺图 ········································ 103

9-1 填空与读图 ············································· 103

9-2 管路画法 ················································ 108

## 附录 1 部分习题答案 ······································ 112

## 附录 2 部分习题轴测图 ··································· 114

## 参考文献 ······················································ 116

## 第一章 制图的基本知识

1-1 字体练习

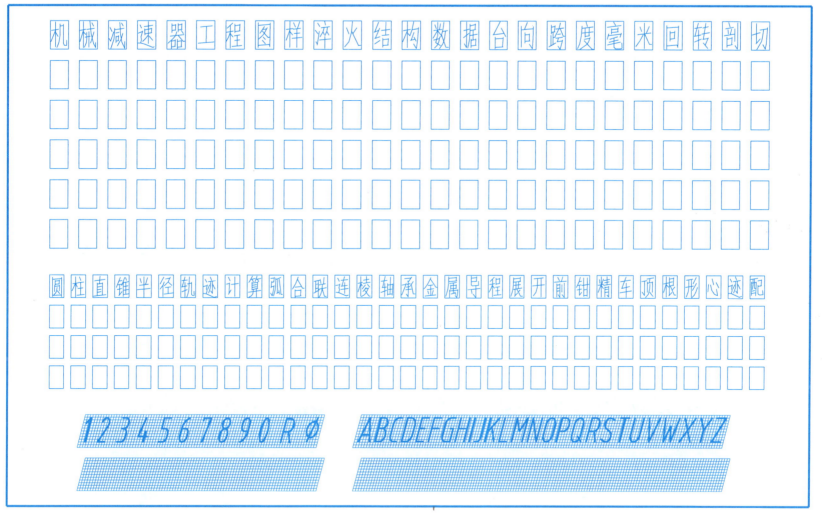

1-1 字体练习（续）

螺纹低轴旋转防伪安装出口渡尺寸画划化斜线凸徒手截断

分均部与零件空孔投影硬透盖漏渗碳通气钻头铰刀刮平长宽测量梁内外应力

1234567890 R ⌀

abcdefghijklmnopqrstuvwxyz

班级_____ 姓名_____ 学号_____

## 1-1 字体练习（续）

车 薄 刨 齿 轮 栓 垫 圈 键 销 弹 簧 棘 补 掺 公 差 带 位 置 摆 臂 杆 肋 板

吊 钩 楔 透 视 等 角 定 间 隔 过 盈 松 紧 固 泵 阀 塔 罐 衬 里 支 座 焊 接 压 缩 流 体 液 态 加 温

I Ⅱ Ⅲ Ⅳ Ⅴ Ⅵ Ⅶ Ⅷ Ⅸ Ⅹ     1234567890 R ∅

班级_____ 姓名_____ 学号_____

1-2 **图线练习** 抄画下面图形，尺寸直接量取。

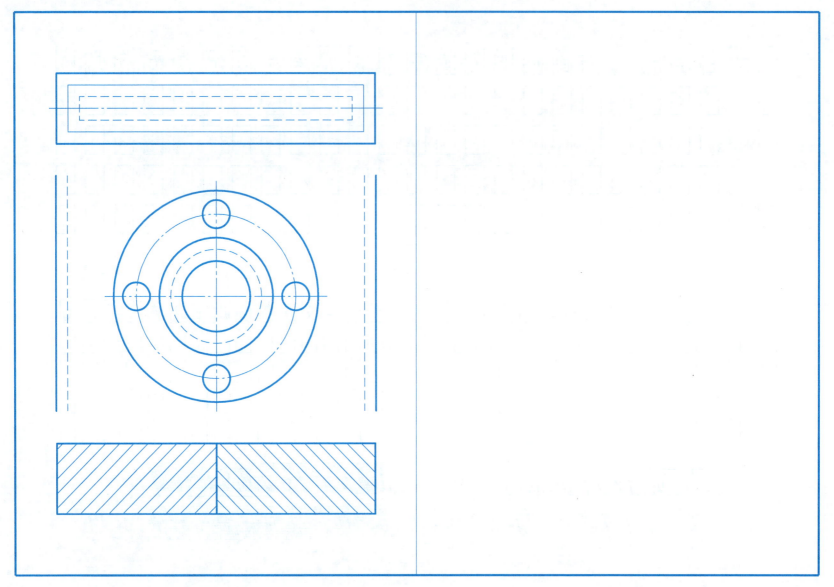

班级_____ 姓名_____ 学号_____

1-3 尺寸注法

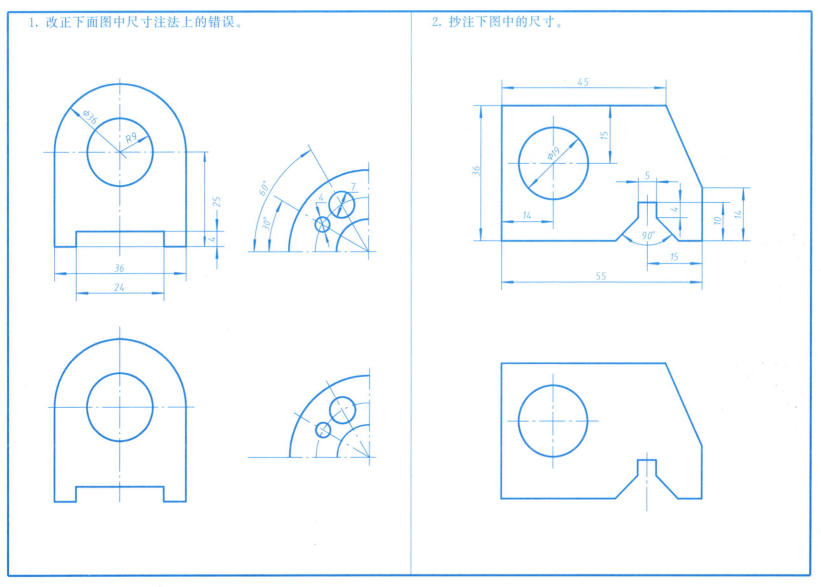

## 1-3 尺寸注法（续）

3. 标注下列图中圆或圆弧的尺寸（尺寸数值按 1∶1 量取整数）。

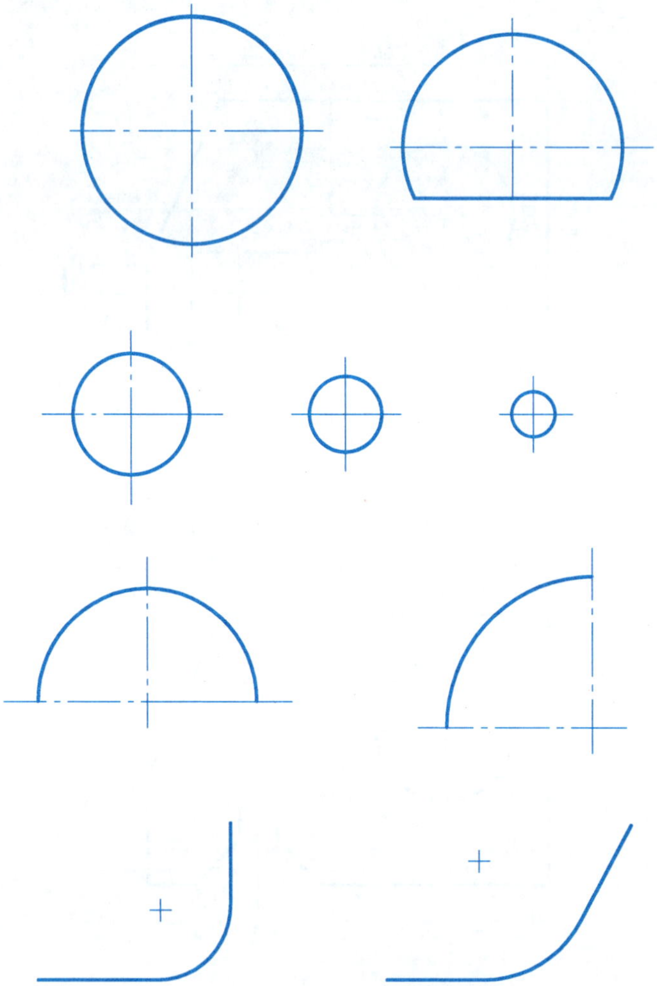

4. 标注下列平面图形的尺寸（尺寸数值按 1∶1 量取整数）。

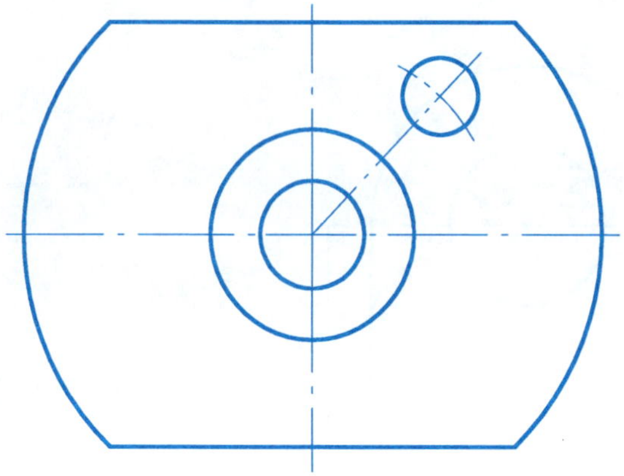

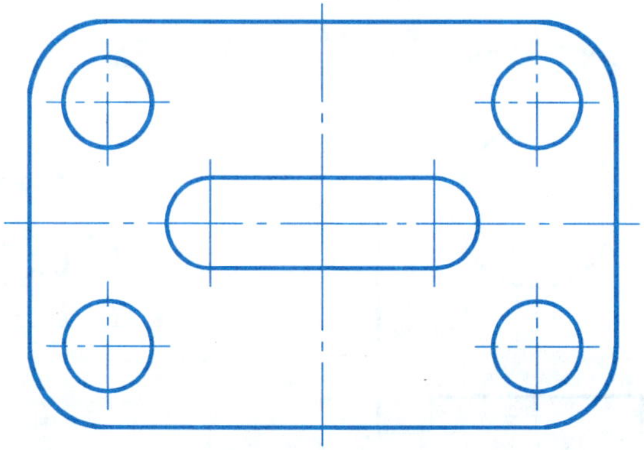

班级_____ 姓名_____ 学号_____

## 1-4 几何作图

1. 分别用圆规和三角尺作下面圆的内接正六边形。

2. 按1∶1比例画出下面图形。

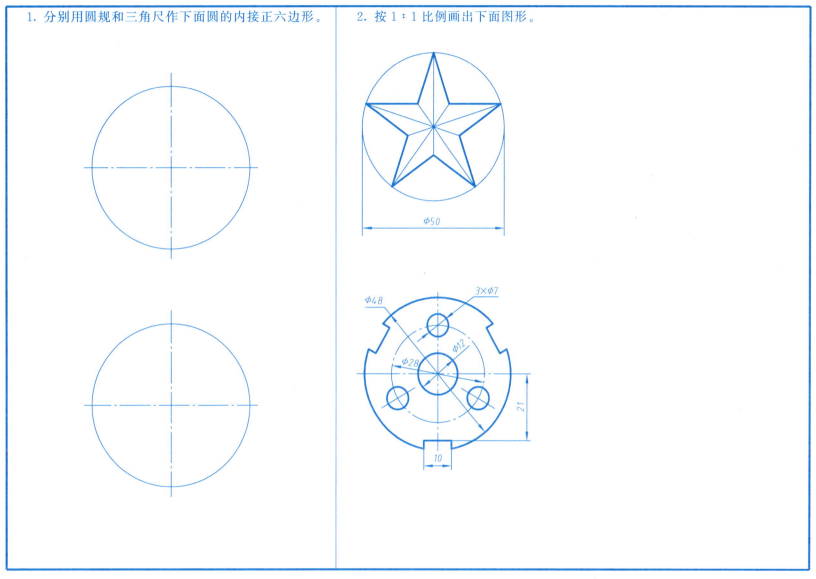

1-4 几何作图（续）

3. 按照给定半径，用1∶1比例完成圆弧连接。

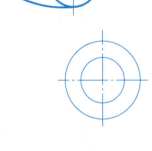

4. 采用四心法画一长轴水平的椭圆，已知长轴为80mm，短轴为60mm。

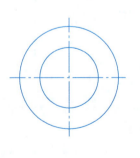

班级_____ 姓名_____ 学号_____

№ 1　平面图形

### 作业指导书

一、作业目的

(1) 训练绘图工具和仪器的正确使用，掌握尺规作图的一般步骤。

(2) 熟悉常见线型的画法、尺寸注法以及图框和标题栏的画法。

(3) 熟悉平面图形的分析方法和作图方法。

二、内容与要求

(1) 按教师指定的题目绘制图形，并标注尺寸。

(2) 用 A4 图幅，比例自定。

三、绘图步骤

(1) 分析图中尺寸及线段性质，确定作图步骤。

(2) 画底稿：①画图框和标题栏；②画基准线和定位线；③按已知线段、中间线段和连接线段的顺序作图。

(3) 检查、校对底稿，描深图形。

(4) 标注尺寸并填写标题栏。

四、注意事项

(1) 布置图形时，要考虑到标注尺寸的位置。

(2) 先画底稿后描深。画底稿应轻而准确，圆弧连接处的连接中心和连接点要准确找出，以保证连接光滑。

(3) 描深时应做到线型符合规定，所有粗实线宽度一致，而各种细线的宽度是粗实线的 1/2。

(4) 尺寸标注要完整、正确，字体、箭头要符合要求且大小一致。

(5) 注意保持图面整洁，多余图线应擦去。点画线和尺寸界线出头不要过长。

1.

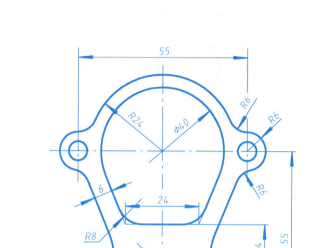

班级_____　姓名_____　学号_____

No 1  平面图形（续）

2.

3.

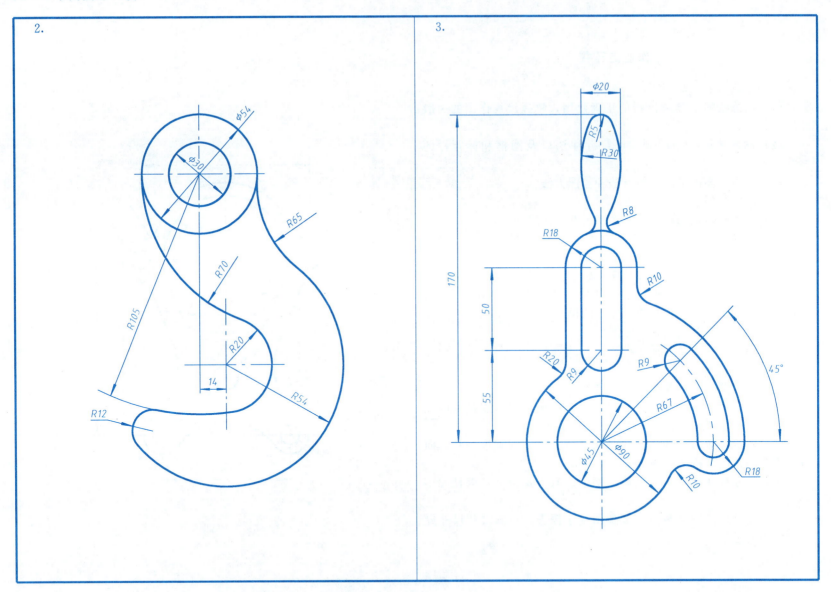

班级_____ 姓名_____ 学号_____

1-5 徒手作图练习

班级_____ 姓名_____ 学号_____

1-5 徒手作图练习（续）

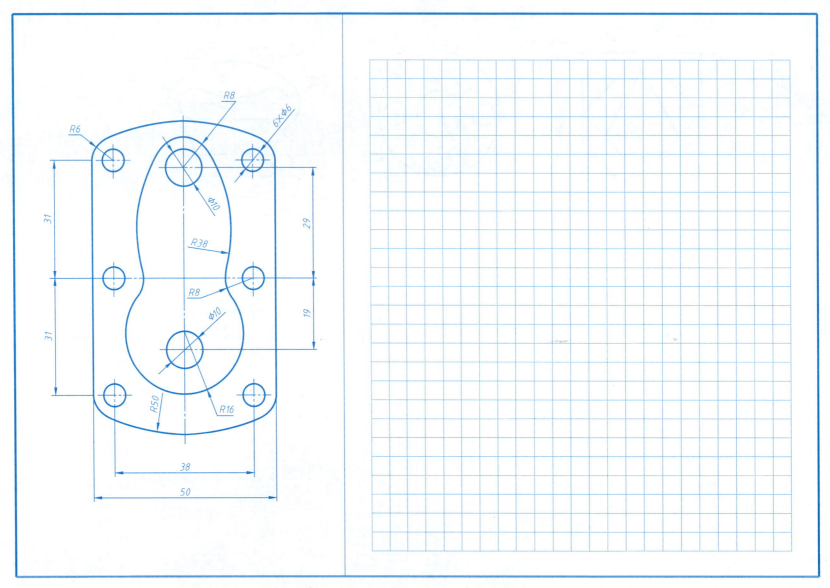

## 1-6 填空与选择

**1. 填空**

(1) GB/T 14689—2008 的含义是_____。

(2) 标准图纸幅面分____种,留装订边时装订边 $a=$____ mm,不留装订边时 A3 的图框边距 $e=$____ mm。

(3) 可见轮廓线用_____表示,不可见轮廓线用_____表示,对称中心线、轴线用_____表示。

(4) 一个完整的尺寸一般由_____、_____、_____组成。

(5) 一般地,尺寸线为水平方向时,尺寸数字注写在尺寸线的____方,字头向____;尺寸线为竖直方向时,尺寸数字注写在尺寸线的____方,字头向____。

(6) 尺寸数字前冠以"$\phi$"表示_____尺寸;"R"表示_____尺寸;"$S\phi$"表示_____尺寸。

(7) 如果你有 HB、2B 和 2H 三种铅笔,描深粗实线应选用____铅笔,画底稿应选用____铅笔,描深细线、写字应选用____铅笔。

(8) 一圆弧与直线相切,切点位于_____。

(9) 一半径为 R 的连接弧与半径为 $R_1$ 的圆相外切,连接弧圆心轨迹半径为_____。

(10) 尺寸基准指的是_____。

(11) 一图形若包含已知线段、中间线段和连接线段,画图顺序应是先画_____,再画_____,最后画_____。

**2. 选择**

(1) A3 幅面的尺寸($B×L$)是____。
  A. 594×841   B. 420×594   C. 297×420   D. 210×297

(2) 留装订边的 A3 幅面的装订边尺寸($a$)和其余三边($c$)的尺寸是____。
  A. $a=25$,$c=10$   B. $a=25$,$c=5$
  C. $a=10$,$c=5$    D. $a=20$,$c=10$

(3) 关于对中符号,下面的说法正确的是____。

  A. 用粗实线绘制,长度依幅面大小而定。

  B. 画在图纸四边的中点处,长度一律从纸边界开始伸入图框内 5mm。

  C. 对中符号伸入标题栏范围时,则伸入标题栏部分省略不画。

  D. 对中符号仅在必要时画出。

(4) 一图样的图形比其实物相应要素的线性尺寸缩小一半画出,该图样标题栏比例一栏应填写____。
  A. 1∶2   B. 2∶1   C. 0.5∶1   D. 1∶0.5

(5) 图样上机件的不可见轮廓线用____表示。
  A. 细点画线   B. 粗点画线   C. 细实线   D. 虚线

(6) 粗实线宽度为 $d$,则虚线和细点画线的宽度分别为____。
  A. $d$,$0.5d$   B. $0.5d$,$d$   C. $d$,$d$   D. $0.5d$,$0.5d$

(7) 关于尺寸标注,下面的说法错误的是____。

  A. 实物的真实大小以图样上所注的尺寸数值为依据,与图形的大小和绘图准确度无关。

  B. 尺寸界线和尺寸线用细实线绘制,可以单独画出,也可以用其他图线代替。

  C. 角度尺寸数字一律水平注写。

  D. 图中尺寸以 mm 为单位时,只注写尺寸数字,不用注写计量单位的代号和名称。

# 第二章 投影基础

## 2-1 点的投影

1. 作点 A (30, 20, 15) 的三面投影。

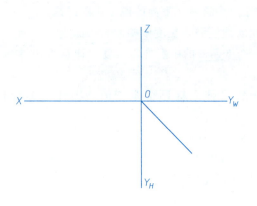

2. 已知点 A、B、C 的两面投影,求作第三面投影。

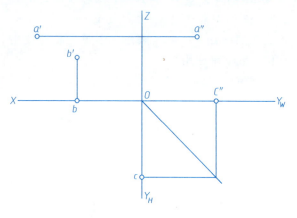

3. 比较点 A、B 两点的相对位置。

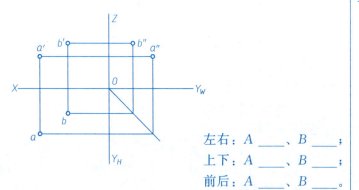

左右:A ___ 、B ___ ;
上下:A ___ 、B ___ ;
前后:A ___ 、B ___ 。

4. 已知 B 点在 A 点的右 20mm、下 15mm、后 10mm 处,求作 B 点的三面投影。

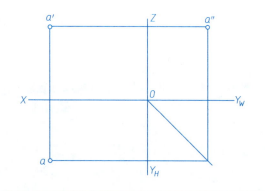

## 2-1 点的投影（续）

5. 根据（1）图中的轴测图，在（2）图中作出点 D 的三面投影。C 点比 D 点的 X、Y 坐标增大一倍，Z 坐标减小一半，在（3）图中作出 C 点的轴测图，并写出点 C 的坐标（取整数）。

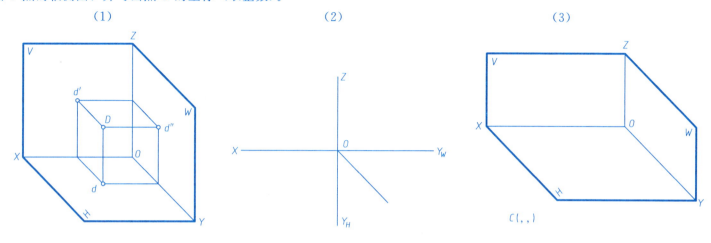

6. 已知点 A（10，20，15）、点 B（30，20，25），作出 A、B 两点的三面投影和轴测图。

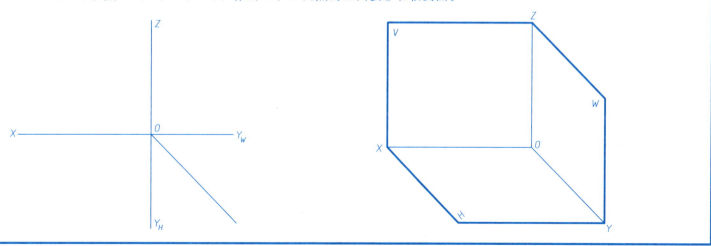

## 2-2 直线的投影

1. 判别直线相对于投影面的位置，并填写名称。

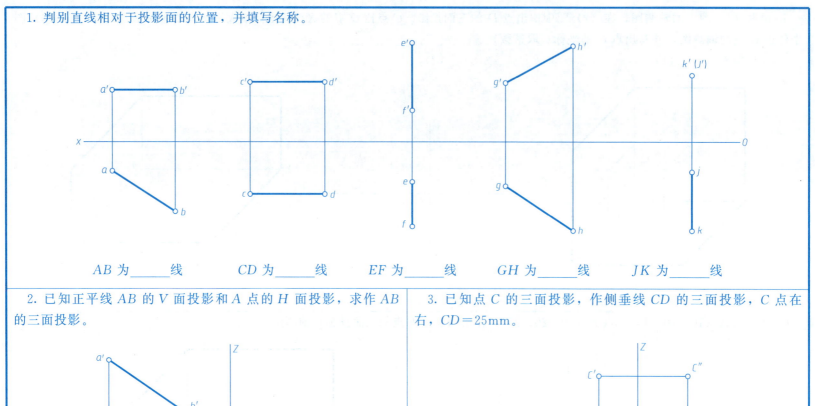

AB 为_____线　　CD 为_____线　　EF 为_____线　　GH 为_____线　　JK 为_____线

2. 已知正平线 AB 的 V 面投影和 A 点的 H 面投影，求作 AB 的三面投影。

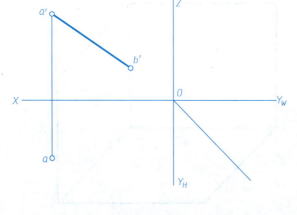

3. 已知点 C 的三面投影，作侧垂线 CD 的三面投影，C 点在右，CD＝25mm。

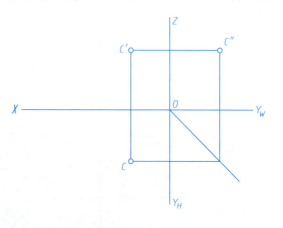

## 2-2 直线的投影（续）

**4.** 求作下列直线的第三投影，并作出其上一点的另两面投影。

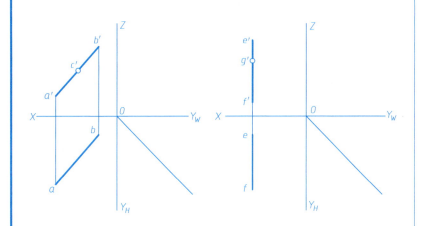

**5.** 判别点 C 是否在直线 AB 上。

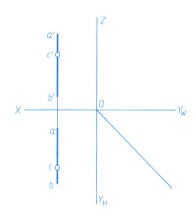

点 C ____ 直线 AB 上

**6.** 求作 AB 上的 C 点和 EF 上的 G 点的三面投影，已知 C 点距 H 面为 10，EG = 13。

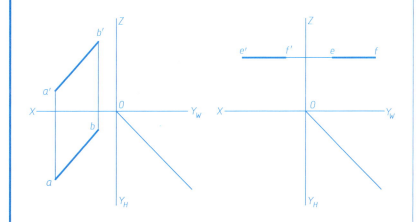

**7.** 已知直线 AB 的两个投影，试求 AB 上一点 F，F 点离 H 和 V 面距离相等。

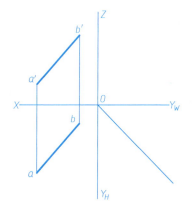

## 2-3 平面的投影

1. 判断下列平面为何种位置平面。

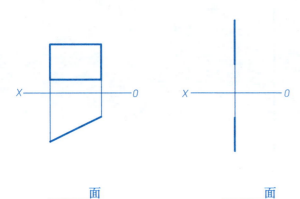

_____面      _____面      _____面      _____面

2. 补画平面的第三投影。

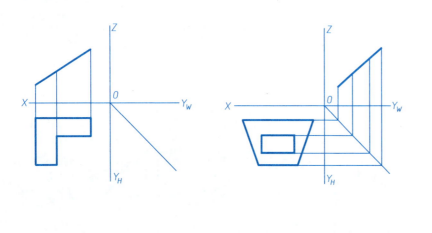

3. 补画平面的第三投影,并作出平面内点 $K$ 的其他投影。

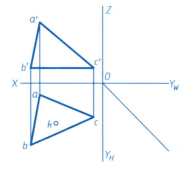

班级_____ 姓名_____ 学号_____

2-3 平面的投影（续）

4. 通过作图判别点 K 是否在平面 ABC 上。

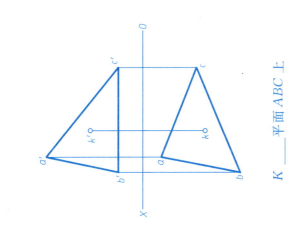

K ____ 平面 ABC 上

5. 已知点 K 属于△ABC 平面，完成△ABC 的正面投影。

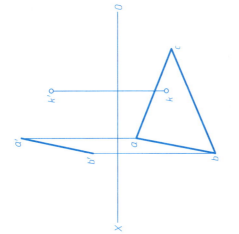

6. 在△ABC 内作出正平线 CD 和水平线 BE。

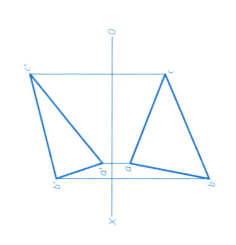

7. 求平面内 "A" 字形的水平投影。

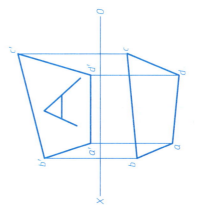

## 2-4 形体的三视图

1. 读下列三视图，找出对应的立体。

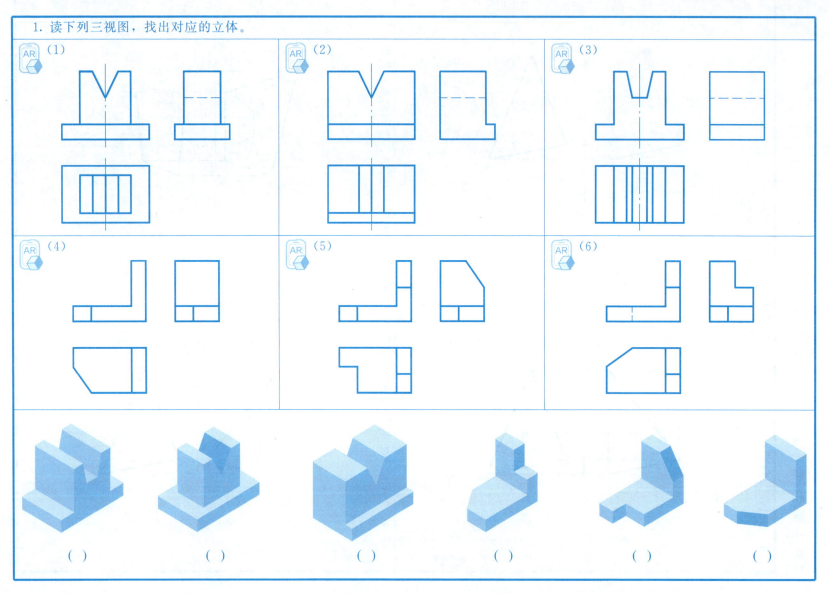

2-4 形体的三视图（续）

2. 已知两视图，补画第三视图（轴测图仅供参考）。

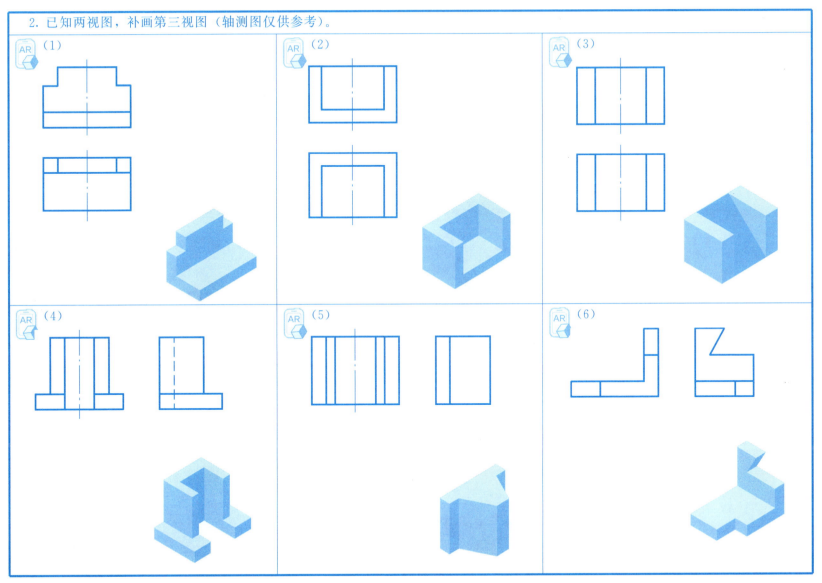

班级_____ 姓名_____ 学号_____

2-4 形体的三视图（续）

3. 根据轴测图画三视图（尺寸从轴测图上直接量取）。

（1）

（2）

（3）

（4）

2-5 填空与选择

1. 填空

(1) 投影法分为____投影法和平行投影法，平行投影法又分为____投影法和____投影法。

(2) 正投影法的投射线相互_____，投射线与投影面____。

(3) 直线平行于投影面，投影_____，垂直于投影面，投影_____；平面_____于投影面，投影反映实形，____于投影面，投影积聚为直线。

(4) 三面投影体系的三个投影面称为_____、_____、_____，分别用字母____、____、____表示。

(5) $A$ 点的 $V$ 面投影记作____，$H$ 面投影记作____，$W$ 面投影记作____。

(6) 一点的 $V$ 面和 $H$ 面投影连线必垂直于____轴，____面和____面投影连线必垂直于 $OZ$ 轴，$H$ 面投影到 $OX$ 轴的距离必等于____面投影到____轴的距离。

(7) 点的 $X$ 坐标反映空间点到____投影面的距离，$Y$ 坐标反映空间点到____投影面的距离，$Z$ 坐标反映空间点到____投影面的距离。

(8) 点的 $V$ 面投影反映该点的____坐标和____坐标，$H$ 面投影反映该点的____坐标和____坐标，$W$ 面投影反映该点的____坐标和____坐标。

(9) 点的____面和____面投影反映该点的 $X$ 坐标，点的____面和____面投影反映该点的 $Y$ 坐标，点的____面和____面投影反映该点的 $Z$ 坐标。

(10) $A$ 点在 $B$ 点的正前方，二点的____坐标和____坐标相同，它们的____面投影具有重影性，____点可见，____点不可见。

(11) 直线垂直于某一个投影面，必与另外二投影面_____，这类直线称为投影面____线。投影面平行线平行于某一投影面，而与另外二投影面_____。

(12) 三种投影面平行线分别称为_____、_____、_____；三种投影面垂直线分别称为_____、_____、_____。

(13) 侧平线与 $V$ 面____，与 $H$ 面____，与 $W$ 面____。其____面投影反映实长，另外二投影不反映实长但均垂直于____轴。

(14) 同时平行于 $H$ 面和 $W$ 面的直线称为_____线，其 $V$ 面投影_____，$H$ 面投影反映实长且垂直于____轴，$W$ 面投影反映实长且垂直于____轴。

(15) 投影面平行面平行于某一投影面，与另外二投影面____；投影面垂直面垂直于某一投影面，与另外二投影面____。

(16) 三种投影面平行面分别称为_____、_____、_____；三种投影面垂直面分别称为_____、_____、_____。

(17) 同时垂直于 $H$ 面和 $W$ 面的平面称为_____面，其____面投影反映实形，另外二投影_____。

(18) 侧垂面与 $V$ 面____，与 $H$ 面____，与 $W$ 面____。其____面投影积聚为直线。

(19) 主视图反映形体的____度和____度，俯视图反映形体的____度和____度，左视图反映形体的____度和____度。

(20) ____视图和____视图都反映形体的长度，____视图和____视图都反映形体的宽度，____视图和____视图都反映形体的高度。

(21) "三等"规律指的是主视图和俯视图_____，主视图和左视图_____，俯视图和左视图_____。

(22) ____视图和____视图都反映形体的左右关系，____视图和____视图都反映形体的上下关系，____视图和____视图都反映形体的前后关系。

班级_____ 姓名_____ 学号_____

2-5 填空与选择(续)

2. 选择
(1) 投射线相互平行的投影法称为____。
A. 中心投影法   B. 平行投影法   C. 正投影法   D. 斜投影法
(2) ____能完整、准确地表示物体的真实形状和大小,度量性好且作图简便,在工程图样中被广泛应用。
A. 透视投影图           B. 正轴测图
C. 多面正投影图         D. 斜轴测图
(3) 当直线倾斜于投影面时,直线在该投影面上的投影____。
A. 反映实长           B. 积聚成一个点
C. 为一条直线,长度变短
D. 为一条直线,长度可能变短,也可能变长
(4) 当平面平行于投影面时,平面在该投影面上的投影____。
A. 反映实形                   B. 积聚成一条直线
C. 为一形状类似但缩小了的图形   D. 积聚成一条曲线
(5) 点的 $x$ 坐标表示空间点到____的距离。
A. $V$ 面   B. $H$ 面   C. $W$ 面   D. $OX$ 轴
(6) 点的 $V$ 面投影不能反映该点的____坐标。
A. $x$      B. $y$      C. $z$      D. $x$ 和 $z$
(7) 点的 $x$ 坐标越大,其位置越靠____。
A. 左       B. 右       C. 前       D. 后
(8) 已知点 $A$(30,20,15),$B$(40,20,15),$C$(30,20,10),$D$(40,10,15)。上述四点中在 $W$ 投影面上重影的点是____。
A. 点 $C$ 与点 $D$(点 $D$ 不可见)   B. 点 $A$ 与点 $B$(点 $B$ 不可见)
C. 点 $A$ 与点 $D$(点 $A$ 不可见)   D. 点 $A$ 与点 $A$(点 $A$ 不可见)
(9) 已知三点 $A$(50,40,15),$B$(20,45,30),$C$(45,18,37),三点从高到低的顺序是____。
A. $A$、$B$、$C$   B. $A$、$C$、$B$   C. $C$、$B$、$A$   D. $B$、$C$、$A$
(10) 点的水平投影和侧面投影,共同反映的坐标是____。
A. $x$ 坐标   B. $y$ 坐标   C. $z$ 坐标   D. $y$ 和 $z$ 坐标

(11) 关于直线的投影,下列叙述中正确的是____。
A. 直线的投影必定是直线
B. 必须要有直线的三个投影,才能决定直线的空间位置
C. 空间直线在投影平面上的投影一般为直线,特殊情况下可能在两个投影面上都反映为一点(即有重影点)
D. 直线的投影一般为直线,特殊情况下可能(只能在一个投影平面上)成为一点
(12) 直线与 $V$ 和 $H$ 面平行,该直线属于____。
A. 正平线   B. 水平线   C. 侧平线   D. 侧垂线
(13) 已知直线 $AB$ 两端点的坐标是 $A$(45,60,30),$B$(45,5,30),则此直线是____。
A. 铅垂线   B. 正垂线   C. 水平线   D. 一般位置直线
(14) 正平线在____面上的投影反映实长。
A. $V$      B. $H$      C. $W$      D. $H$ 和 $W$
(15) 水平线在____面上的投影反映实形。
A. $V$      B. $H$      C. $W$      D. $V$ 和 $W$
(16) 侧面投影积聚成一条直线的平面是____。
A. 正垂面   B. 铅垂面   C. 侧垂面   D. 侧平面
(17) 正垂面与____投影面既不平行,也不垂直。
A. $V$ 和 $H$   B. $H$ 和 $W$   C. $W$ 和 $V$   D. $V$
(18) ____在 $V$ 和 $H$ 面上的投影均积聚成直线。
A. 正平面   B. 水平面   C. 侧平面   D. 侧垂面
(19) 由左向右投射所得的视图,称为____。
A. 主视图   B. 俯视图   C. 左视图   D. 右视图
(20) 俯视图和左视图应满足____。
A. 长对正              B. 高平齐
C. 宽相等              D. 长对正、高平齐
(21) 主视图反映物体的____关系。
A. 前后                B. 左右、前后
C. 前后、上下          D. 上下、左右

# 第三章 基本体

3-1 **平面立体** 补画立体的第三视图,并由其表面上点的一个投影作出另外二投影。

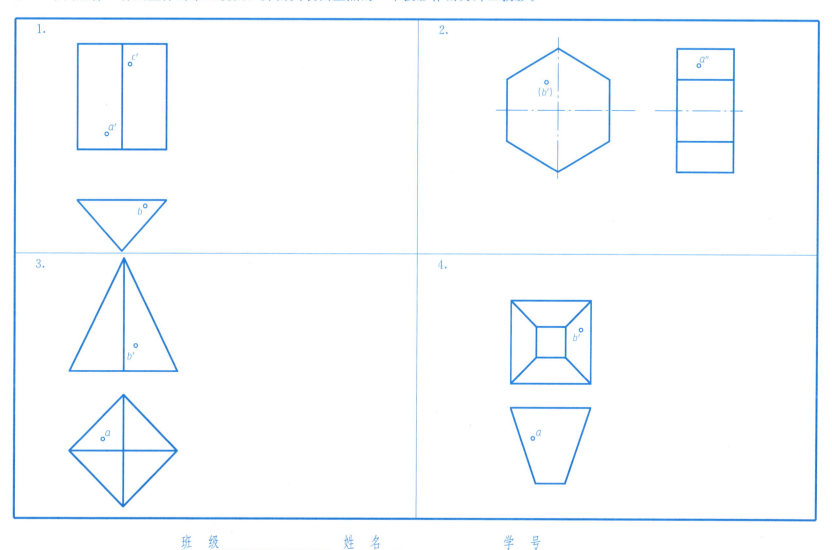

3-2 **回转体** 由回转体表面上点的一个投影求作另外二投影。

1.
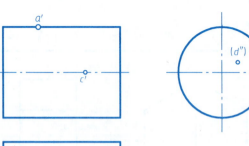

2.
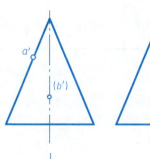

3.
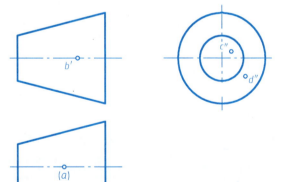

4.
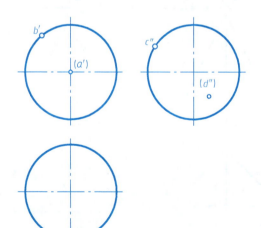

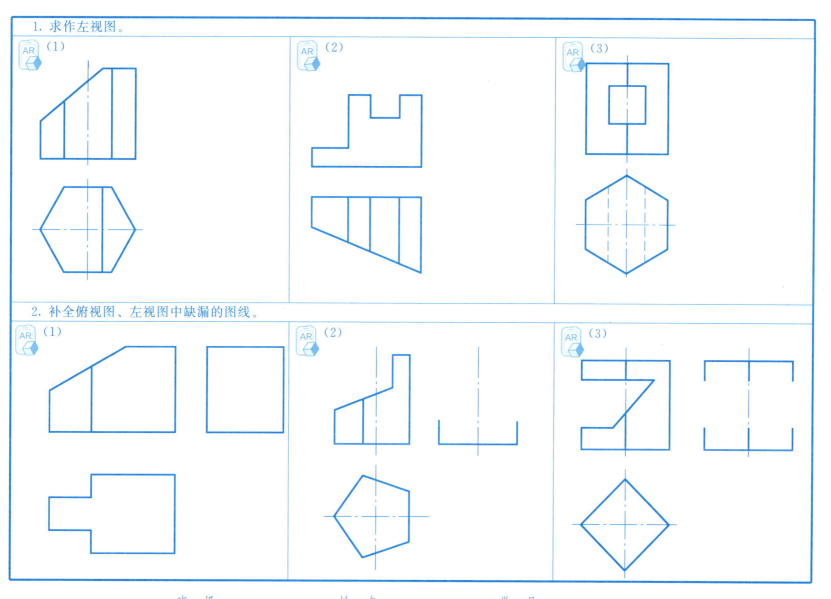

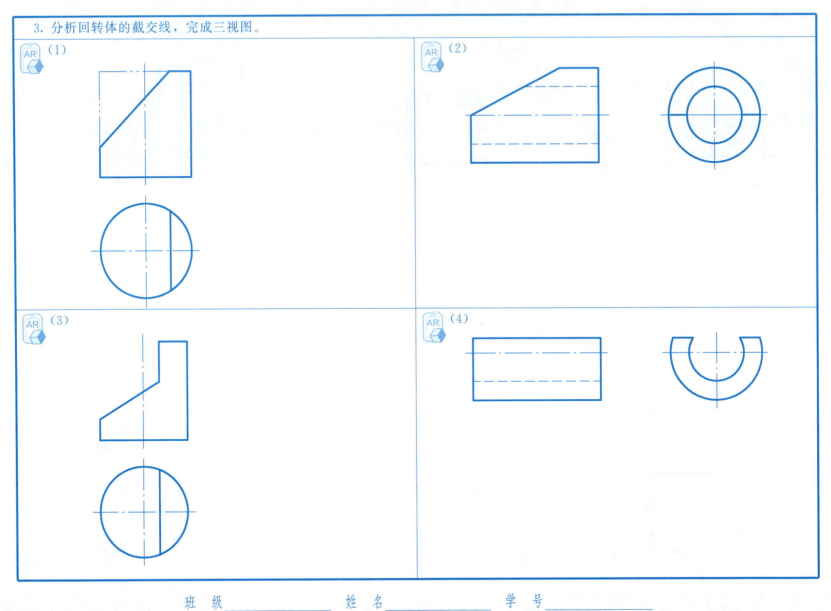

3-3 截交线（续）

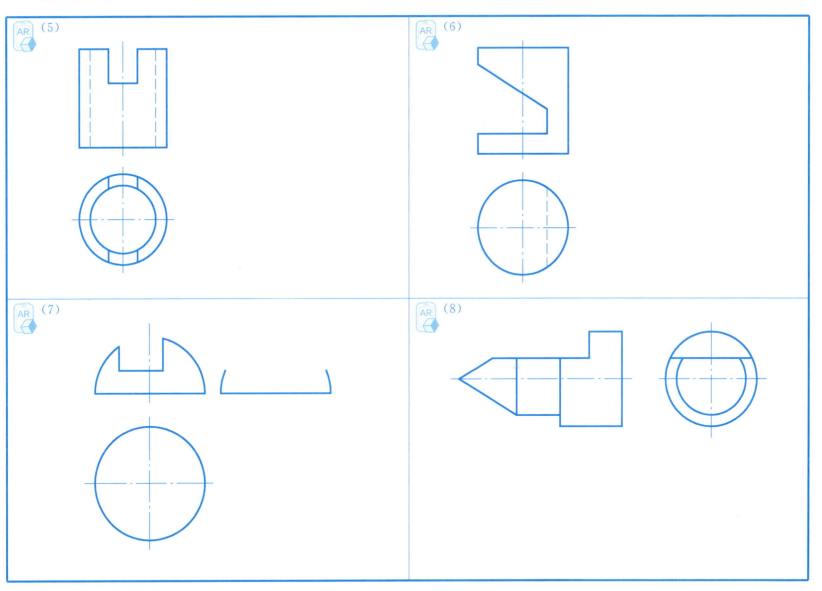

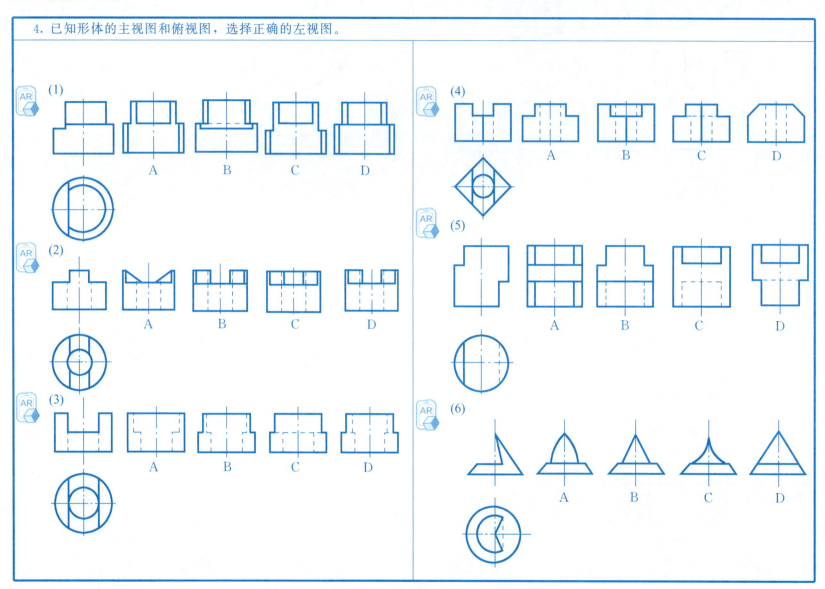

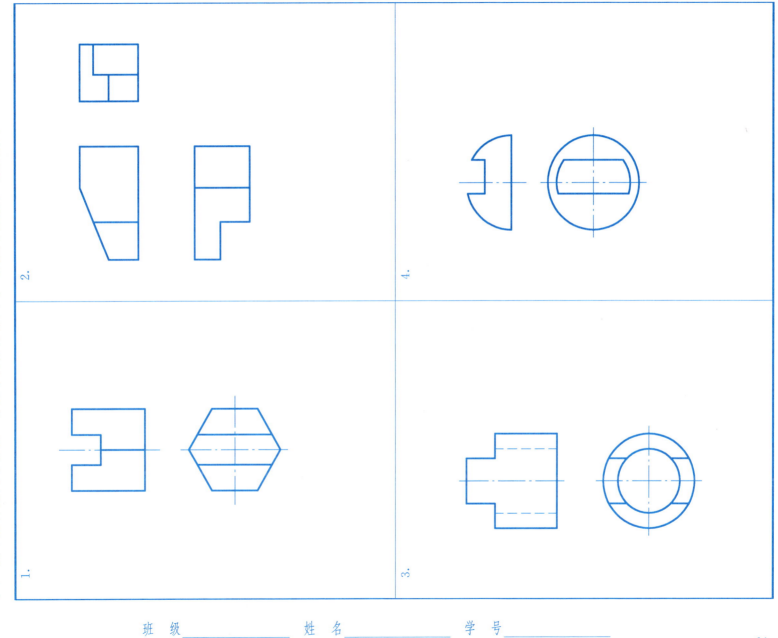

3-5 轴测投影

1. 画出下列平面立体的正等测图，并补画第三视图。

(1)

(2)

(3)

3-5 轴测投影（续）

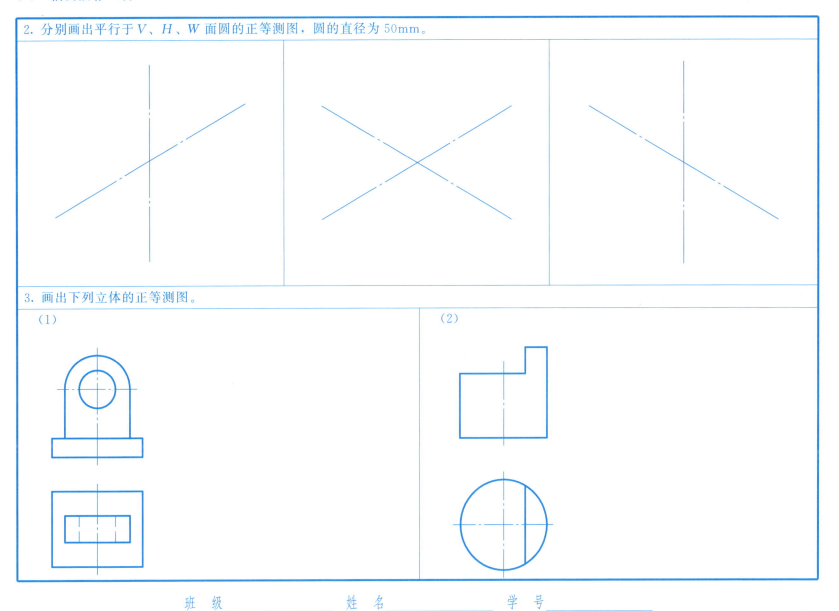

3-5 轴测投影（续）

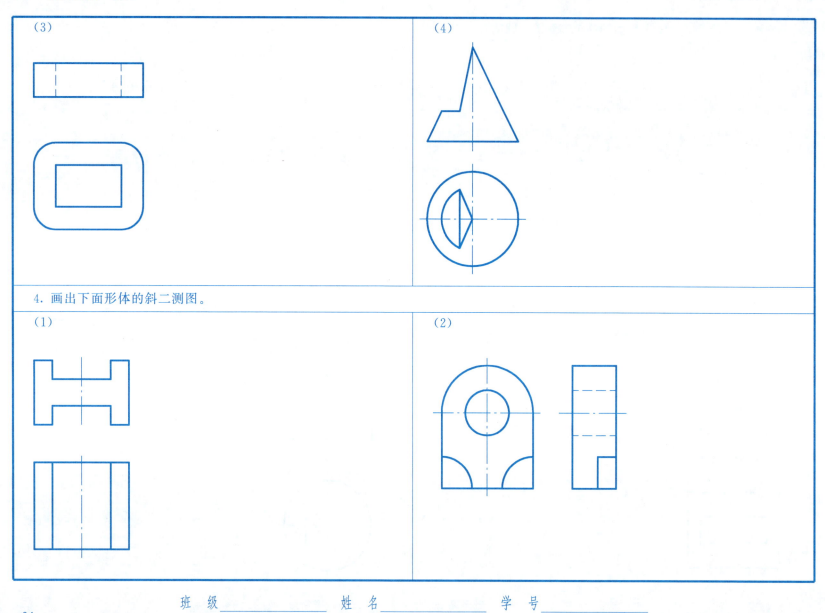

4. 画出下面形体的斜二测图。

# 第四章 组合体

4-1 **相切和相交** 分析下面各形体的相切、相交情况，补画视图中的漏线。

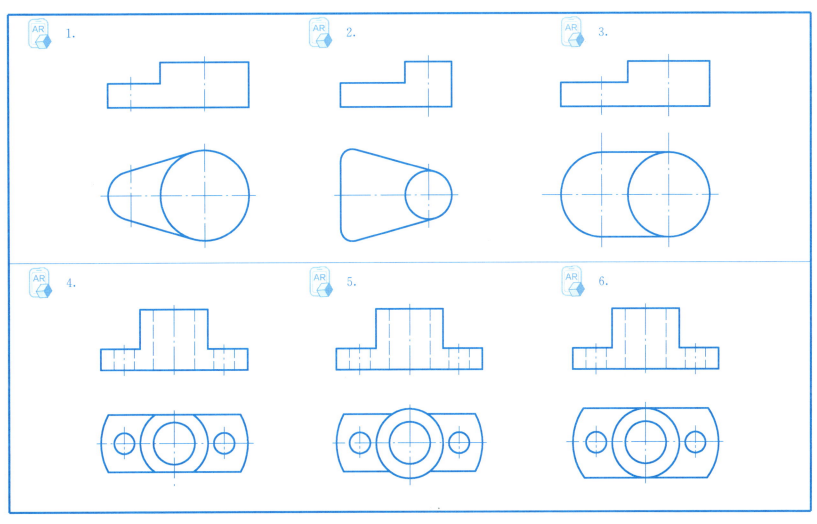

4-2 相贯线

1. 利用体表面求点的方法,求作两圆柱的相贯线。

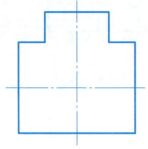
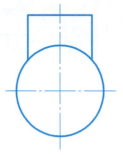
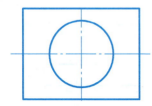

2. 分析并正确画出相贯线的投影(两圆柱正交时采用近似画法)。

(1)

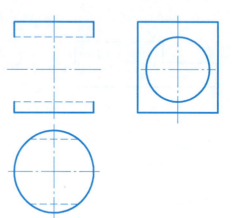

(2)

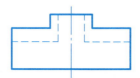

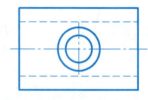

班级_____ 姓名_____ 学号_____

4-2 相贯线（续）

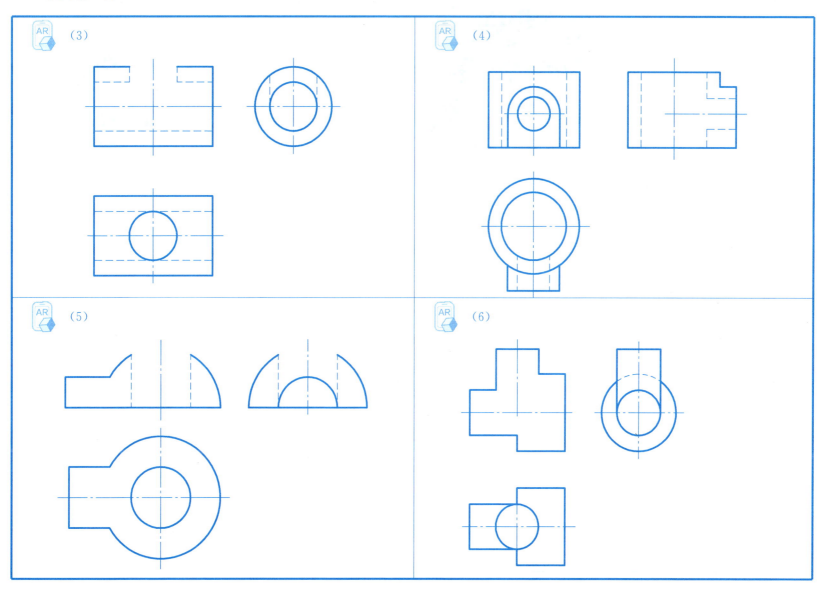

4-3 画组合体三视图 根据轴测图，分析组合体的组合形式，按 1:1 的比例绘制三视图。

1.

2.

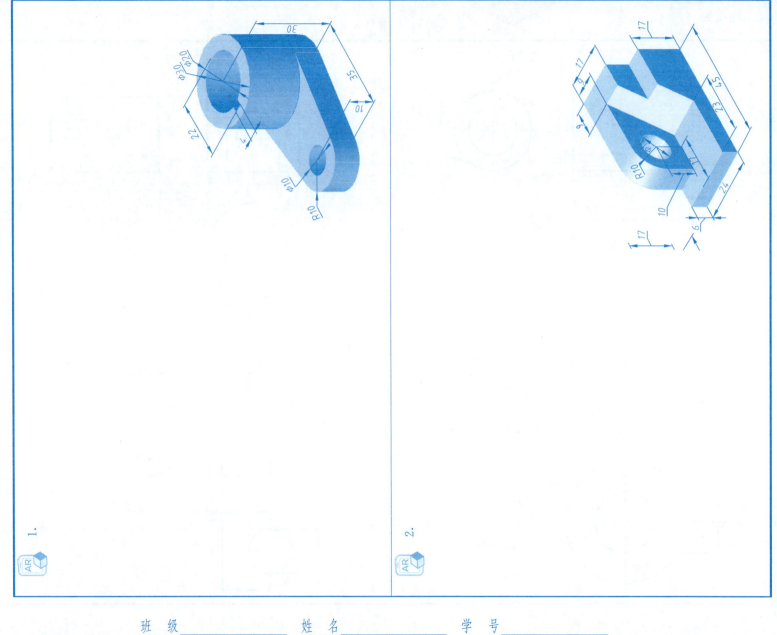

班级_____ 姓名_____ 学号_____

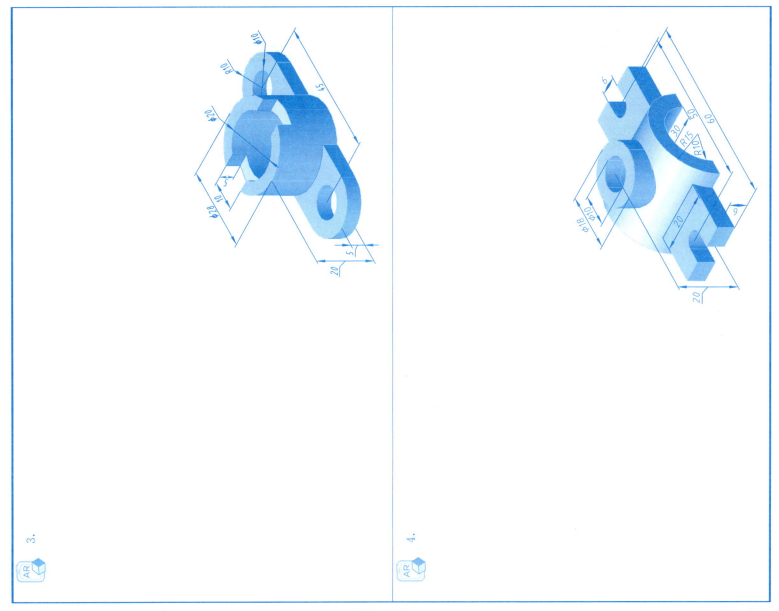

## 4-4 组合体的尺寸标注

1. 标注形体的尺寸（尺寸直接从图中量取）。
2. 检查下面形体的尺寸的完整性，补出遗漏的尺寸。

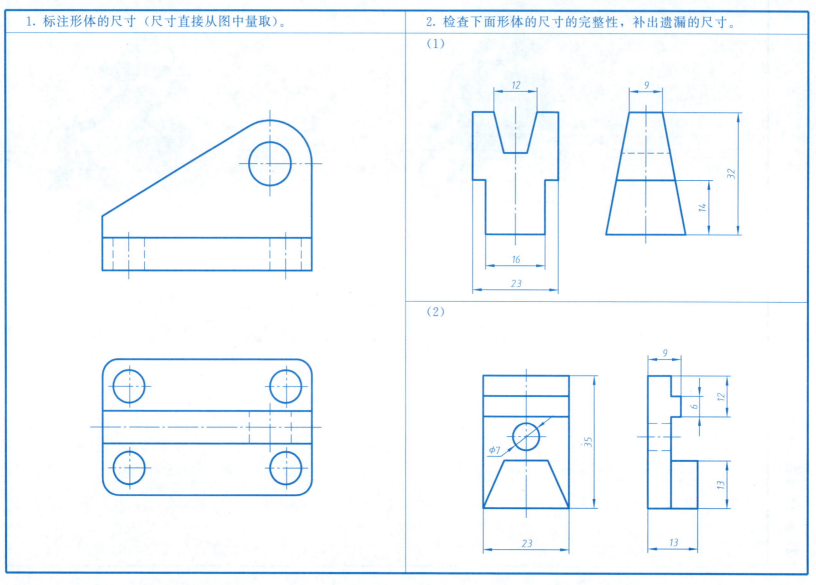

4-4　组合体的尺寸标注（续）

3. 指出视图中重复标注的尺寸（打叉），补出遗漏的尺寸（不注尺寸数字）。

(1)

(2)

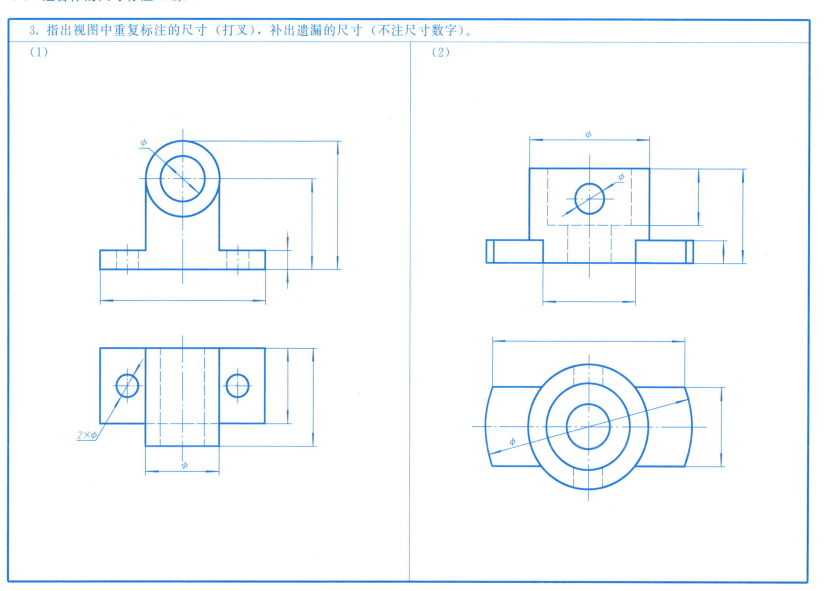

№ 2　组合体

### 作业指导书

一、目的
（1）掌握根据模型（或轴测图）画组合体三视图的方法，提高绘图技能。
（2）练习组合体视图的尺寸注法。

二、内容与要求
（1）根据模型（或轴测图）画三视图。
（2）标注尺寸。
（3）图幅、比例自定。

三、作图步骤
（1）运用形体分析法分析组合体，搞清各组成部分的形状、连接形式和相对位置。
（2）选取主视图的投射方向，所选主视图应最明显地表达形体的形状特征。
（3）画三视图，先画底稿后描深。
（4）标注尺寸，填写标题栏。

四、注意事项
（1）布置视图时，要留出标注尺寸的位置。
（2）标注尺寸应做到正确、完整、清晰。
（3）保证图面质量，线型、字体、箭头要符合要求，多余图线要擦去。

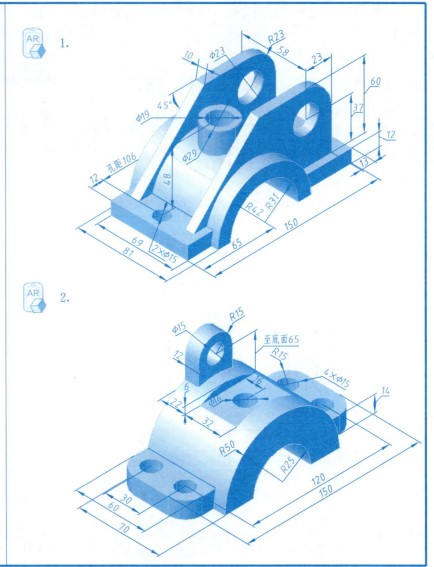

1.

2.

班级＿＿＿＿＿＿　姓名＿＿＿＿＿＿　学号＿＿＿＿＿＿

4-5 填空与选择

判别下列图中所指线框是什么面（如正平面、侧垂面、圆柱面等），并比较相对位置。

(1) 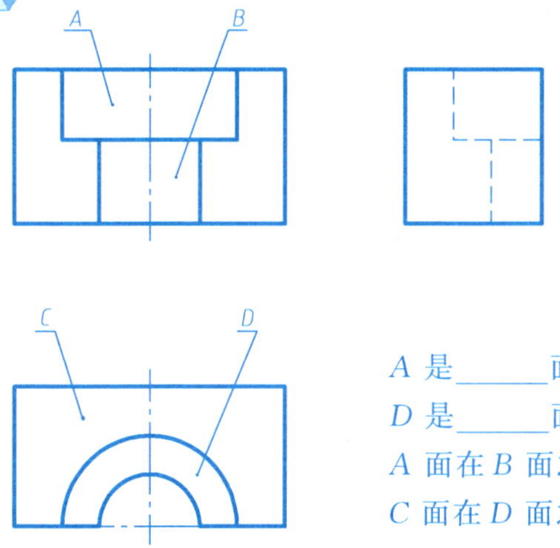
A 是_____面；
D 是_____面；
A 面在 B 面之____（前、后）；
C 面在 D 面之____（上、下）。

(2) 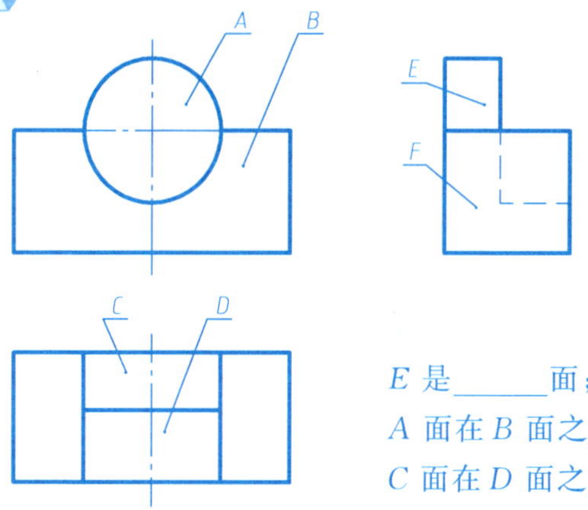
E 是_____面；F 是_____面；
A 面在 B 面之____（前、后）；
C 面在 D 面之____（上、下）；
E 面在 F 面之____（左、右）。

(3) 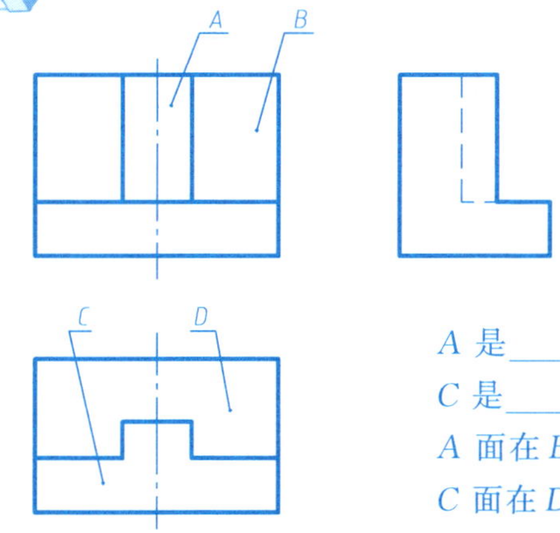
A 是_____面；
C 是_____面；
A 面在 B 面之____（前、后）；
C 面在 D 面之____（上、下）。

(4) 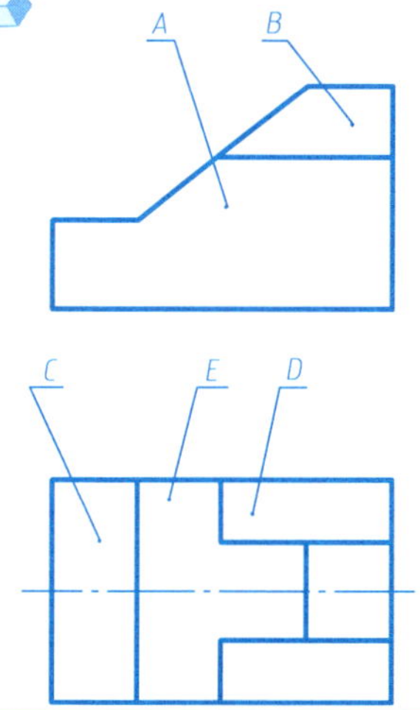
A 是_____面；E 是_____面；
C 是_____面；D 是_____面；
A 面在 B 面之____（前、后）；
C 面在 D 面之____（上、下）。

班级_____ 姓名_____ 学号_____

4-6 补漏线

1.
2.
3.
4.

班级_____ 姓名_____ 学号_____

4-6 补漏线（续）

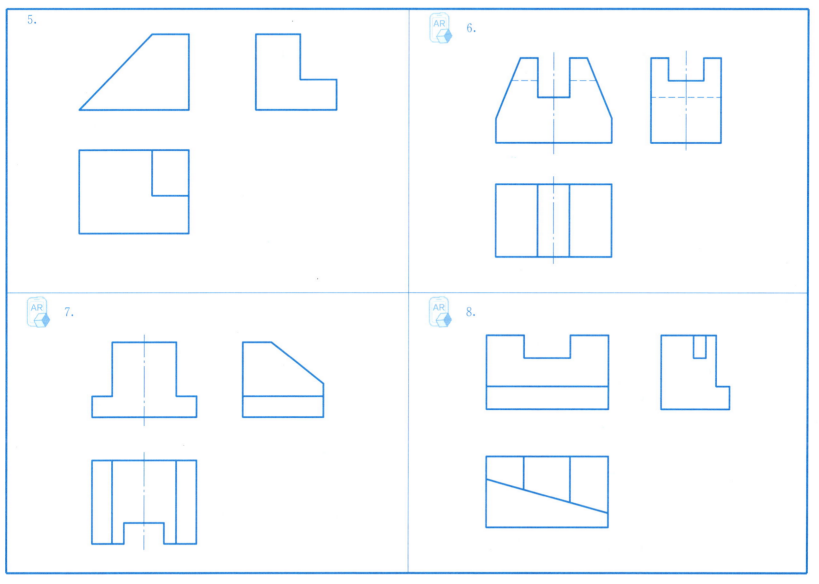

4-6 补漏线（续）

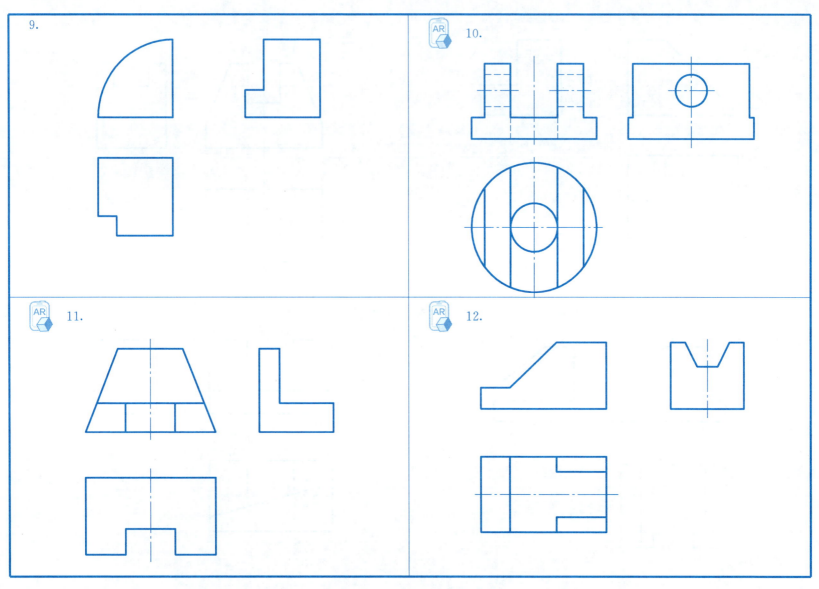

4-7 读图与选择　已知形体的主视图和俯视图，选择正确的左视图。

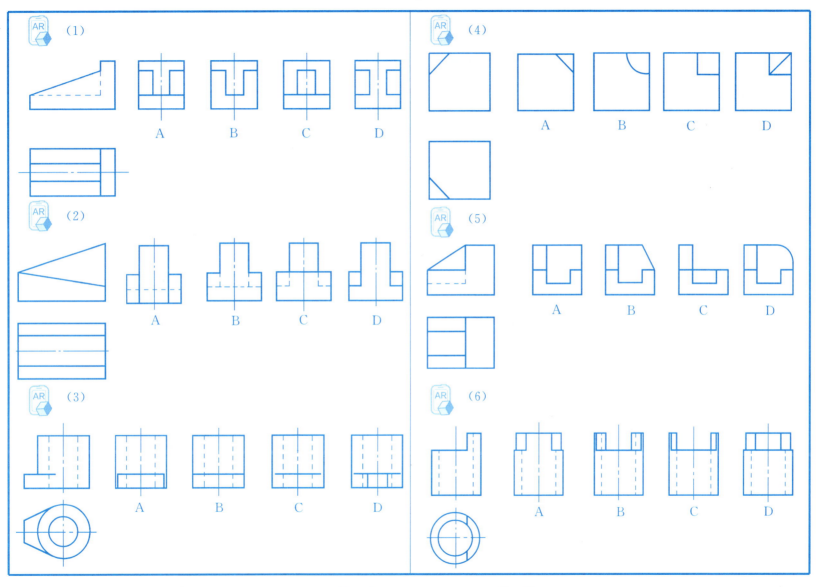

**4-7 读图与选择** 已知形体的主视图和俯视图，选择正确的左视图。（续）

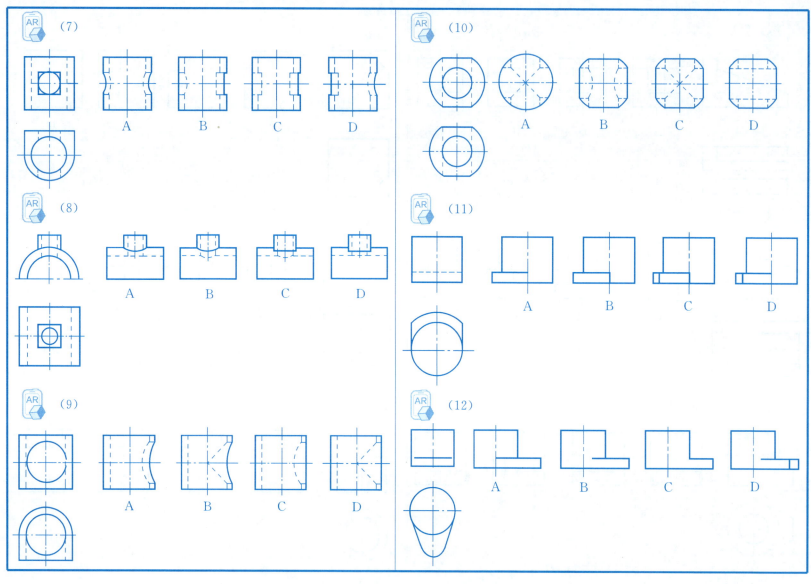

4-8 补画第三视图

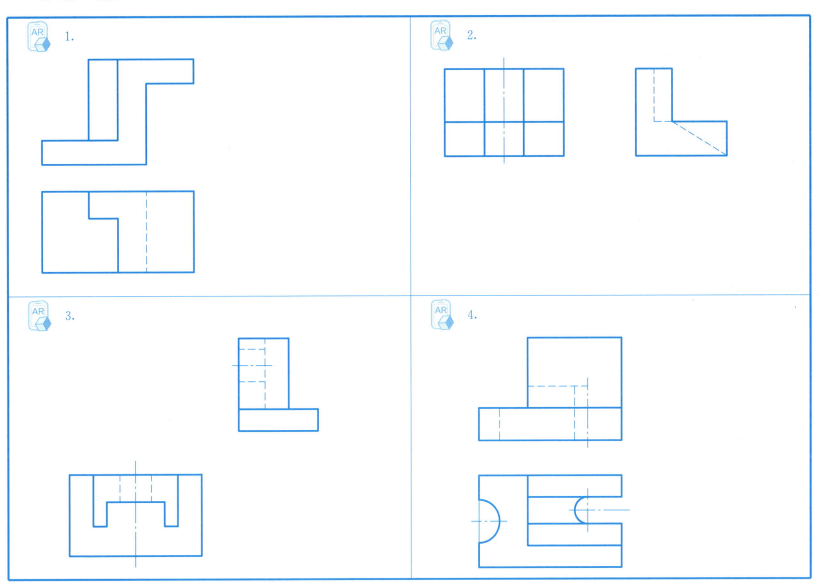

班级_____ 姓名_____ 学号_____

49

4-8 补画第三视图（续）

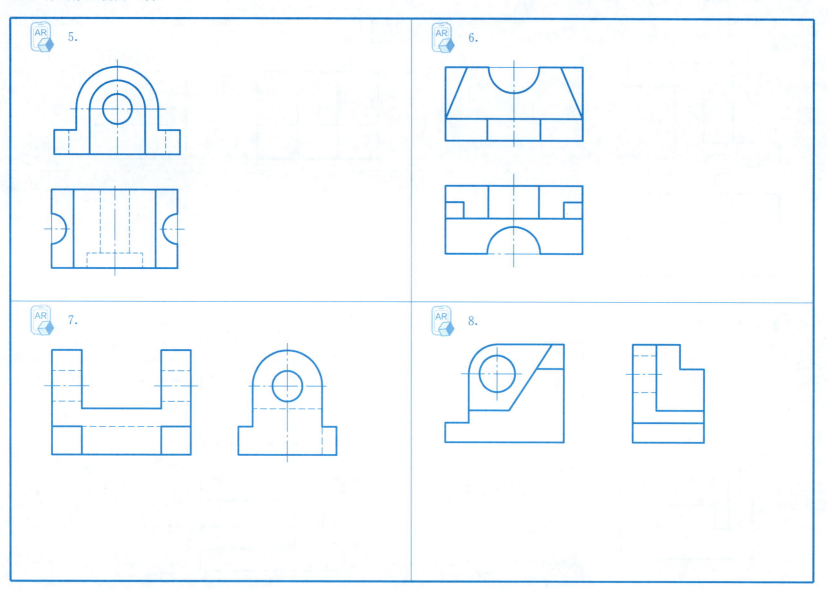

4-8 补画第三视图（续）

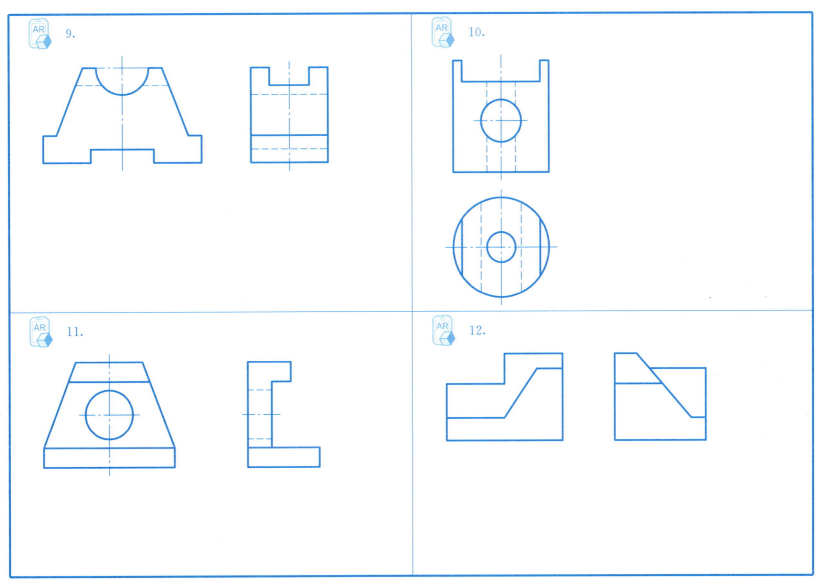

# 第五章 图样画法

## 5-1 基本视图和向视图

1. 根据主、俯视图，补画左、右、后、仰视图。

2. 分析下面一组视图，对向视图进行标注。

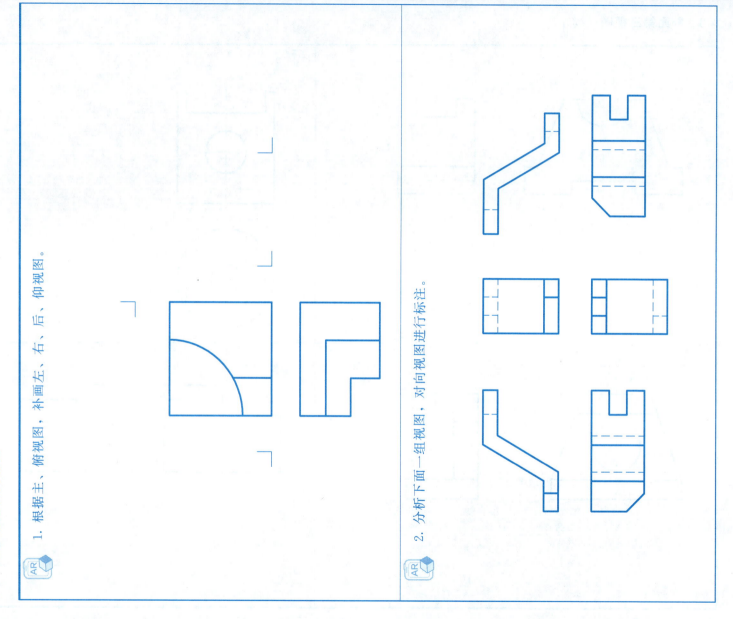

## 5-2 局部视图和斜视图

1. 根据轴测图和主视图，按箭头所指画出局部视图和斜视图并标注。

2. 按箭头指向，画出机件的局部视图和斜视图并标注。

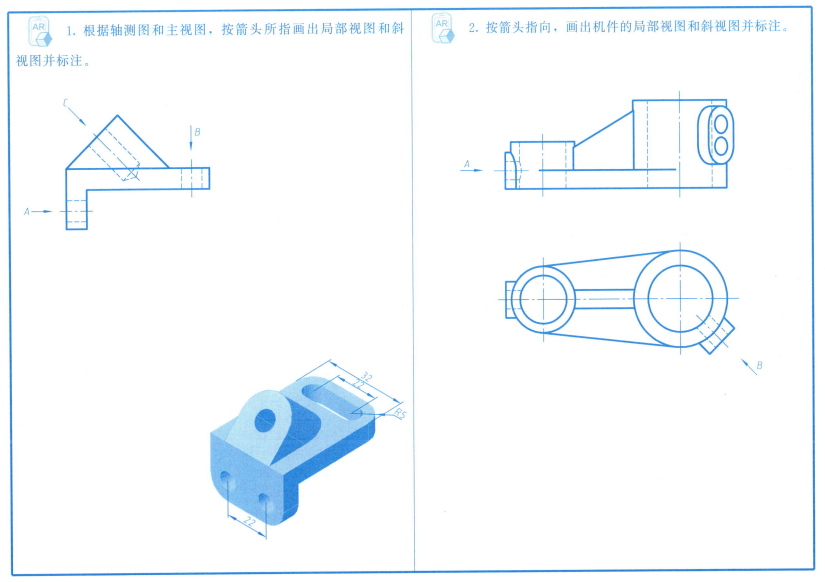

5-3 全剖视图

1. 补画剖视图中的漏线。

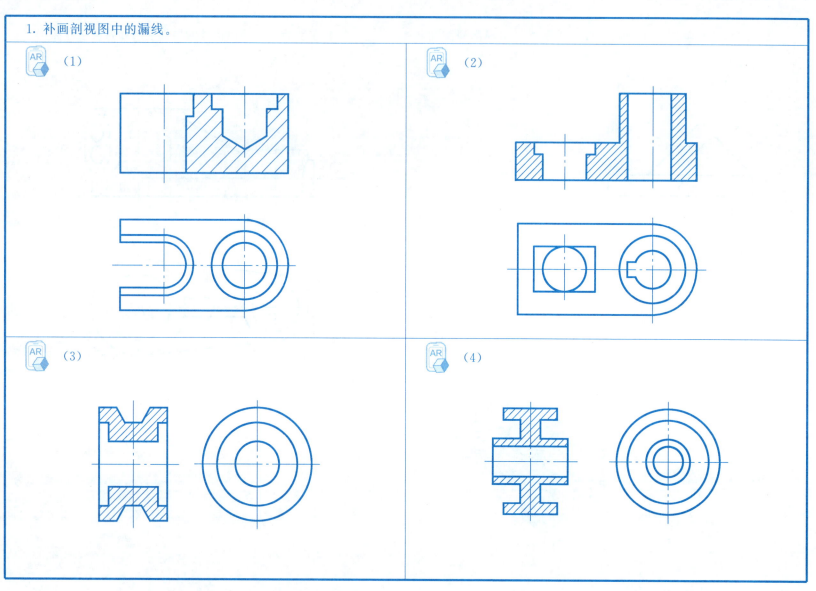

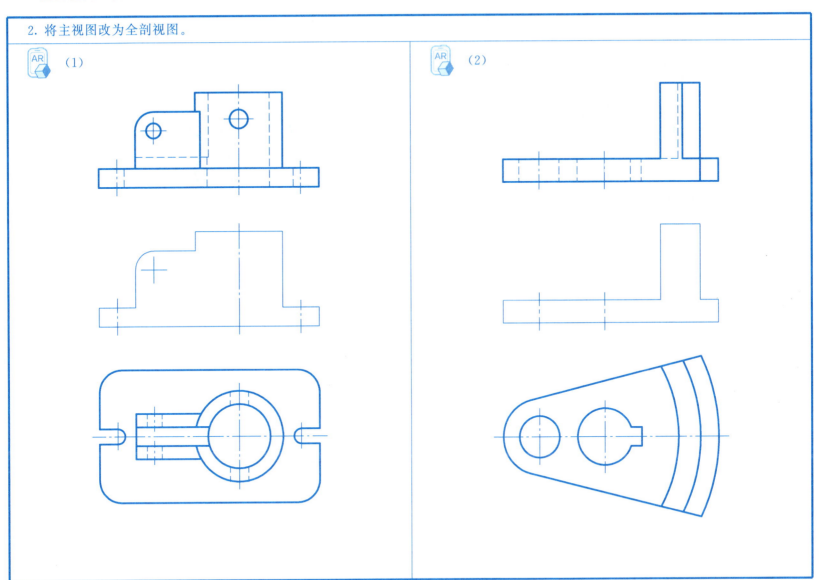

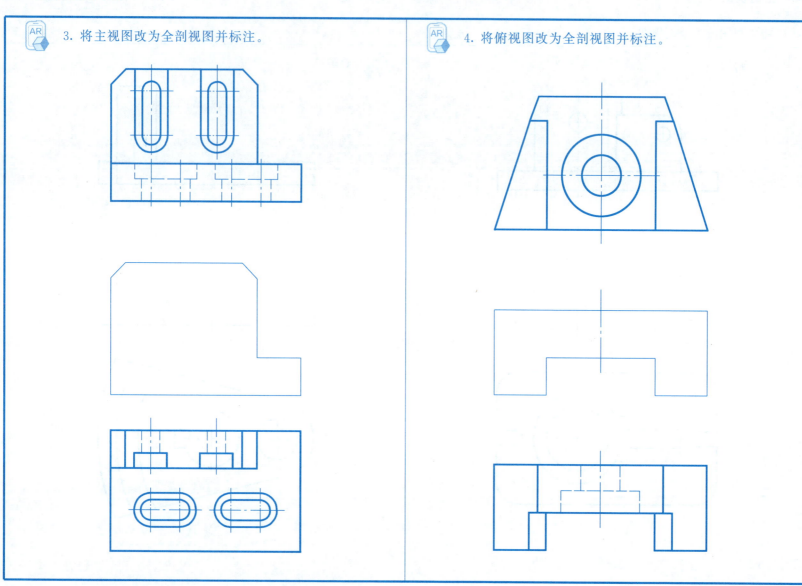

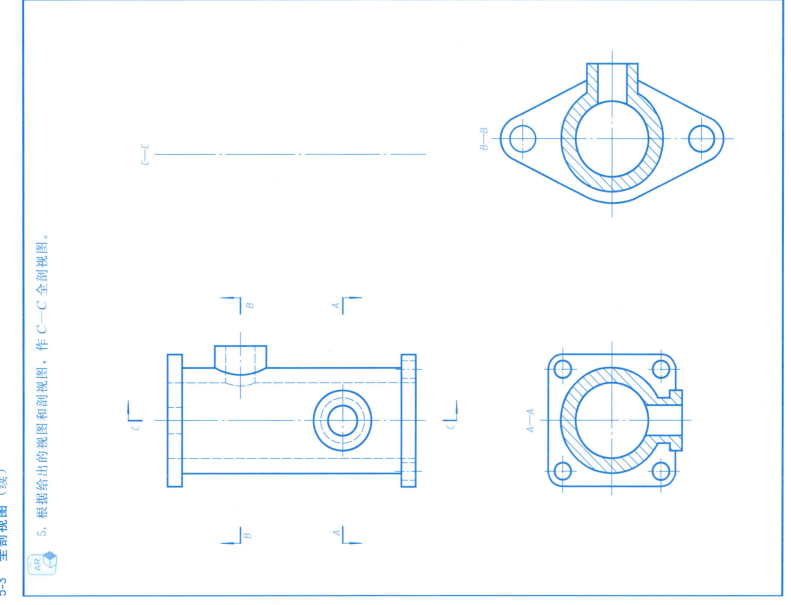

## 5-3 全剖视图（续）

6. 用单一剖切平面作 A—A 和 B—B 剖视图。

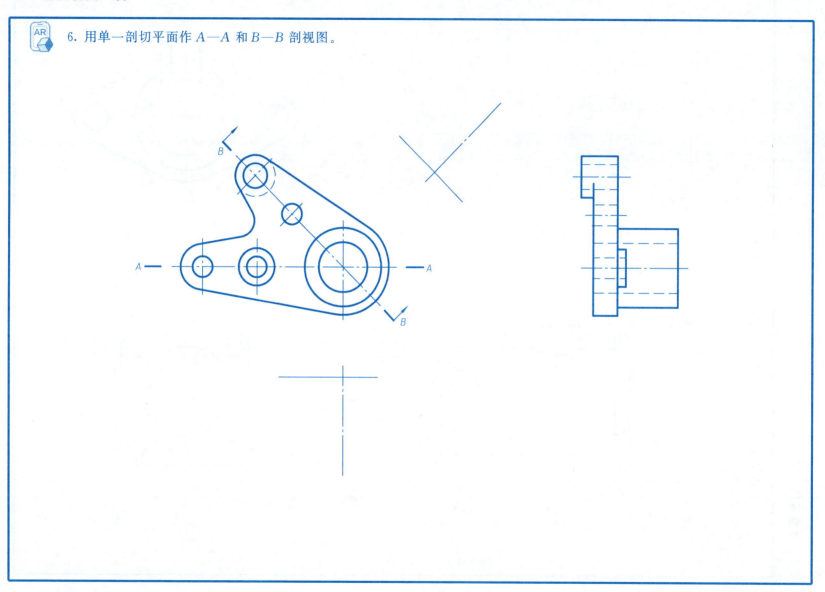

## 5-3 全剖视图（续）

7. 用组合的剖切平面作机件的剖视图并标注。

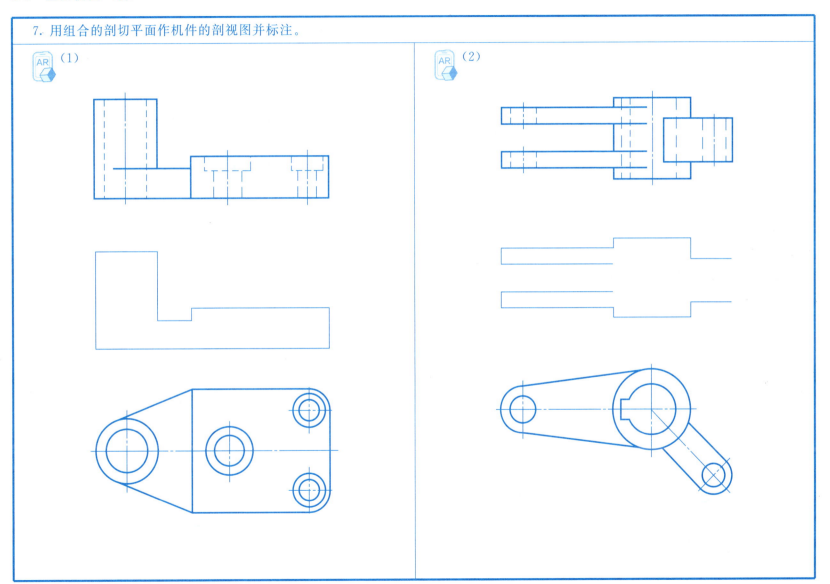

## 5-4 半剖和局部剖视图

1. 将主视图改为半剖视图。

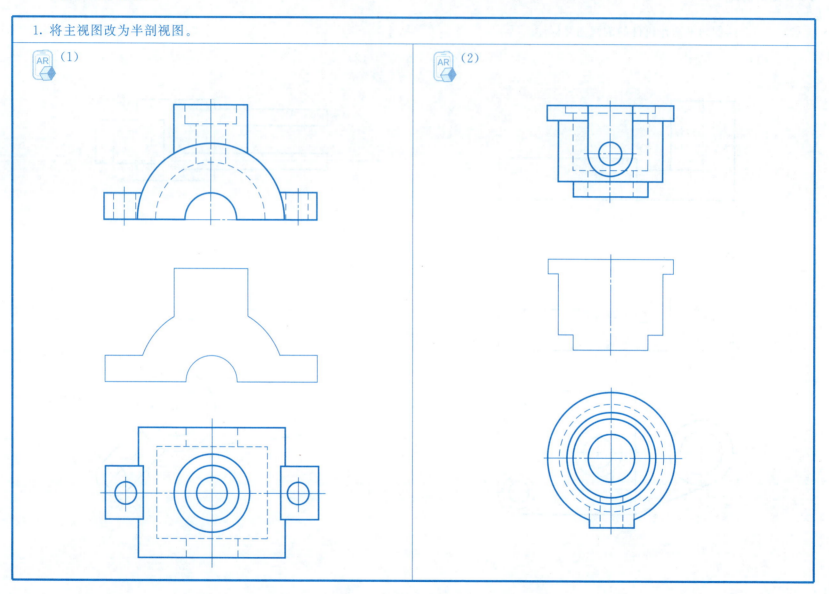

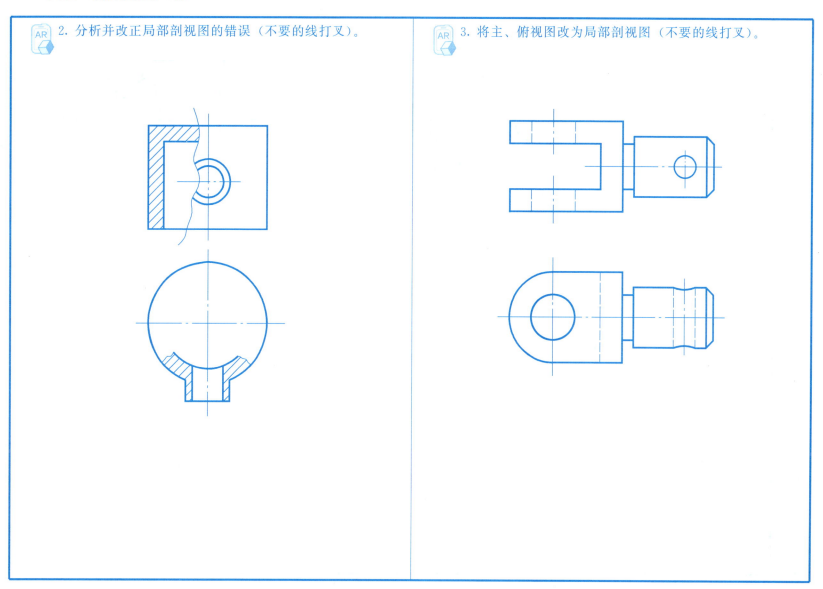

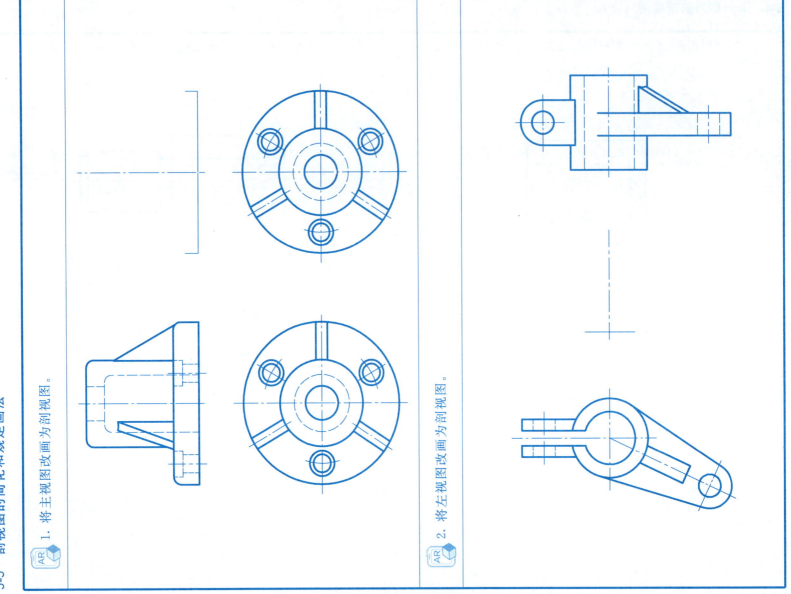

## 5-6 断面图

1. 分析断面图的错误，在下面指定位置重新画出，并正确标注。

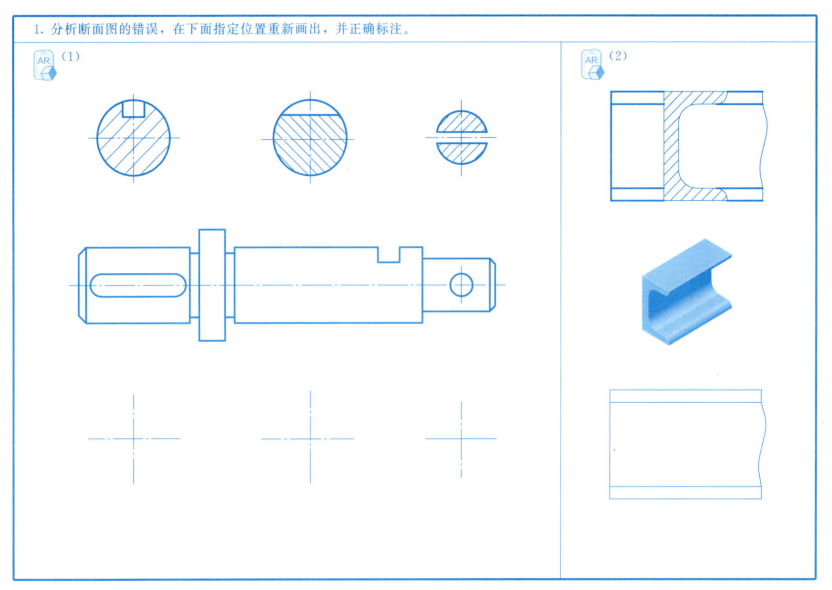

5-6 断面图（续）

2. 采用断面图将轴表达清楚（两键槽深度均为 4）。

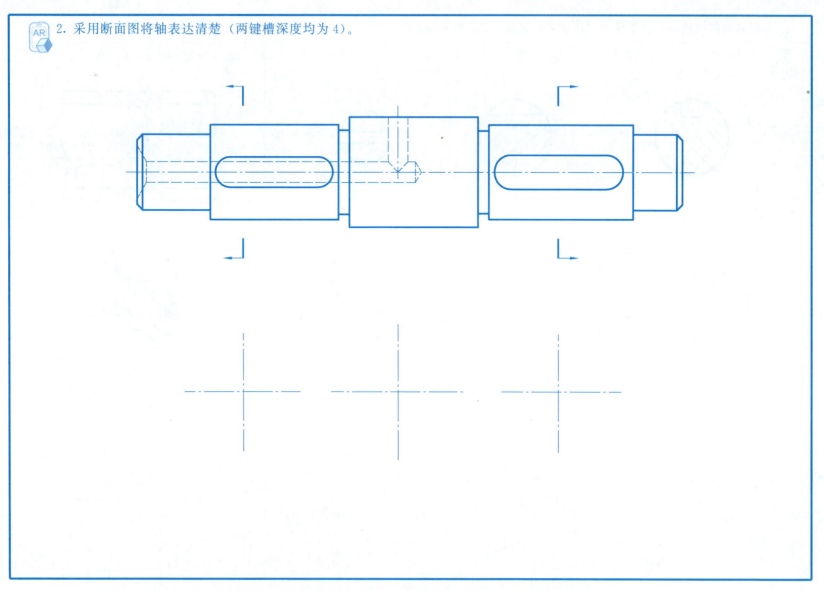

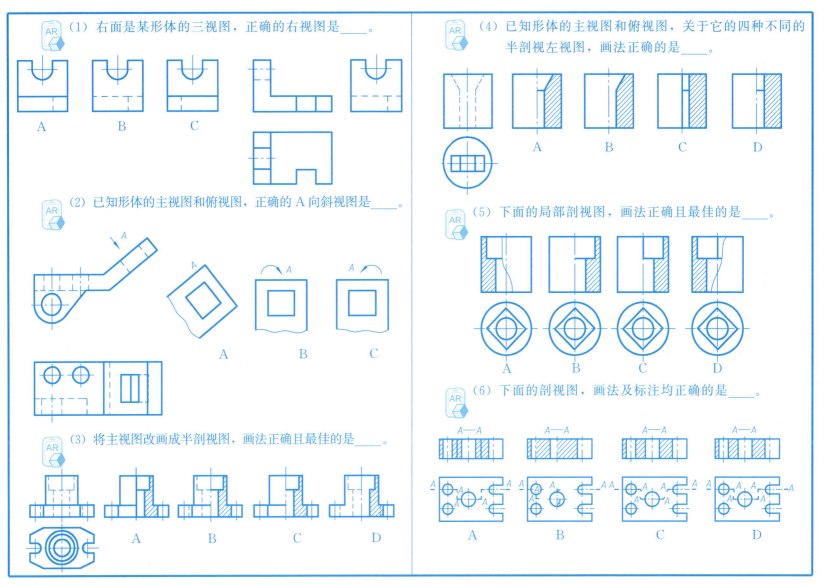

5-7 选择题（续）

(7) 下面的剖视图，画法及标注均正确的是____。

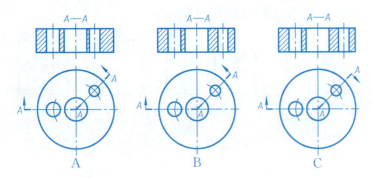

(8) 下面的剖视图，画法及标注均正确的是____。

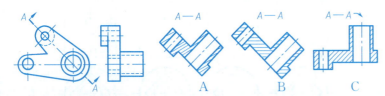

(9) 已知形体的主视图和俯视图，将主视图改画为全剖视，画法正确的是____。

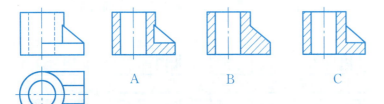

(10) 下面的 A—A 移出断面图，画法正确的是____。

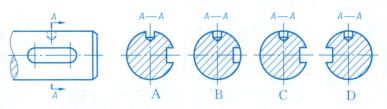

(11) 下面的 A—A 移出断面图，画法正确的是____。

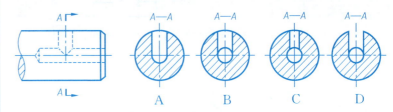

(12) 下图中正确的 A—A 断面图是____。

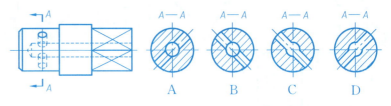

(13) 关于局部放大图，下面的叙述正确的是____。
A. 局部放大图所采用的表达方法应与原图相同。
B. 局部放大图所采用的表达方法不得与原图相同。
C. 局部放大图所采用的表达方法不受原图的限制。

## №3 表达方法综合运用

### 作业指导书

一、目的
(1) 培养根据机件的形状特点选择表达方法的能力。
(2) 进一步练习剖视图的画法和标注方法。

二、内容与要求
(1) 根据右边视图，选择恰当的表达方法。
(2) 标注尺寸。
(3) A3 图幅，比例自定。

三、作图步骤
(1) 根据已知视图，运用形体分析法，分析想象形体形状。
(2) 综合运用各种表达方法，选择视图表达方案。
(3) 画视图底稿。
(4) 画剖面线，标注尺寸。
(5) 检查、修改图形。
(6) 描深，填写标题栏。

四、注意事项
(1) 一个机件可以有几种表达方案，可通过分析、对比，力求表达完整、清晰、简洁。
(2) 图形间应留出标注尺寸的位置。
(3) 剖视图应按相应剖切方法直接画出，不必先作视图再改画。
(4) 剖面线的方向和间隔应一致。
(5) 所注尺寸应根据表达方案合理配置，不一定照搬原视图中的模式。

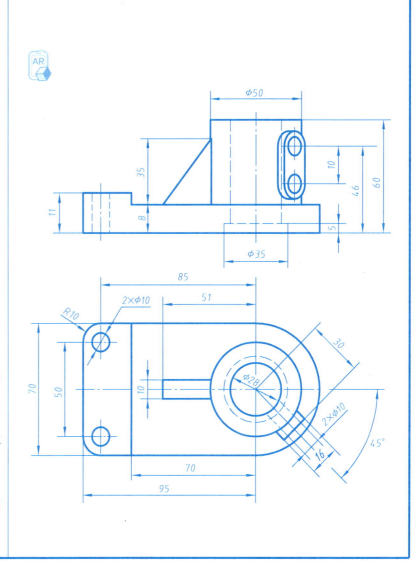

班级_____ 姓名_____ 学号_____

# 第六章 标准件和常用件

## 6-1 螺纹及螺纹紧固件

1. 改正螺纹画法中的错误。

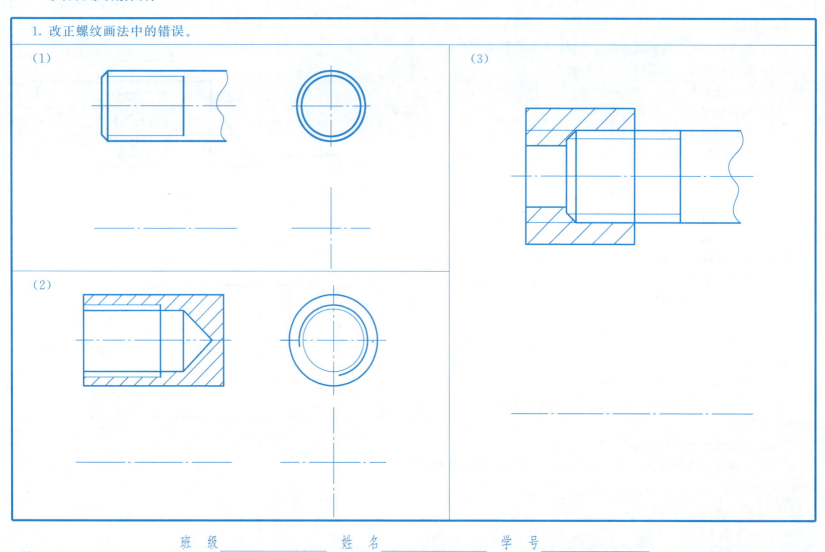

## 6-1 螺纹及螺纹紧固件（续）

**2. 按要求标注螺纹。**

(1) 普通螺纹，大径为24，螺距为2，左旋，中径和大径公差带分别为5g、6g，长旋合长度。

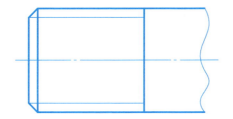

(2) 大径为24，螺距为3的粗牙普通螺纹，右旋。中径和大径公差带均为6H，中等旋合长度。

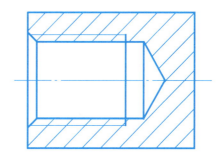

(3) 锯齿形螺纹，大径为24，双线，导程为10，右旋，中径公差带代号为6H，中等旋长度。

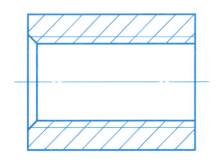

(4) 非螺纹密封的管螺纹，尺寸代号为1/2，公差等级为A级，右旋。

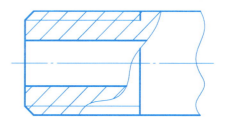

# 6-1 螺纹及螺纹紧固件（续）

3. 分析螺栓连接和双头螺柱连接的画法错误，并画出正确的图形。

6-1 螺纹及螺纹紧固件（续）

4. 根据已知条件，采用比例画法画出螺栓连接和双头螺柱连接的主视图（剖视图），作图比例 1∶1。

(1) 螺栓 GB/T 5780—2016 M20×90；螺母 GB/T 6170—2015 M20；垫圈 GB/T 97.1—2002 20—140HV；被连接件上下二板厚均为 30mm。

(2) 螺柱 GB/T 898—1988 M20×60；螺母 GB/T 6170—2015 M20；垫圈 GB/T 93—2002 20；被连接件上板厚 30mm。

班级_____ 姓名_____ 学号_____

## 6-2 键及销连接

1. 用 A 型普通平键连接轮和轴,轴、孔直径为 25,查表确定轴和轮毂键槽的尺寸标注在图上,并完成其连接图。

2. 齿轮与轴用 φ5 的圆柱销连接,查表确定圆柱销尺寸,按 1:1 比例画出销连接的剖视图。

## 6-3 齿轮

根据基本参数表和轴测图，计算圆柱齿轮有关尺寸，查表确定键槽尺寸，画出主、左视图并标注尺寸。

计算：分度圆直径 $d =$      查表：键槽宽度 $b =$

齿顶圆直径 $d_a =$      键槽深度 $t =$

齿根圆直径 $d_f =$

| 模数 | $m = 3$ |
|---|---|
| 齿数 | $z = 30$ |
| 齿形角 | $\alpha = 20°$ |

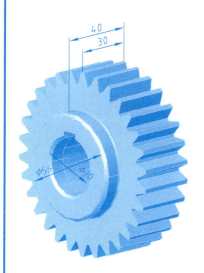

注：全部倒角 C1.5

## 6-4 滚动轴承及弹簧

1. 参照轴测图，根据滚动轴承代号查表确定有关尺寸，采用通用画法画出轴和滚动轴承，作图比例 1∶1。

2. 已知圆柱螺旋压缩弹簧的簧丝直径 $d=5$，弹簧外径 $D=40$，节距 $t=10$，有效圈数 $n=6$，支承圈数 $n_0=2.5$，右旋，画出弹簧的剖视图，作图比例 1∶1。

滚动轴承 6205 GB/T 276—2013

（轴肩直径取 1.2$d$）

6-5 填空与选择

1. 填空

（1）螺纹的要素有____、____、____、____、____和____，其中标准化了的三要素是____、____和____。

（2）外螺纹大径用____线表示，小径用____线表示；内螺纹（可见）大径用____线表示，小径用____线表示。

（3）"M10-5g6g-S"表示____为10mm的_____螺纹，____旋，_____分别为5g、6g，____旋合长度。

（4）"Tr40×14（P7）LH-7e"表示____为40mm，____为14mm，____为7mm的____线____螺纹，____旋，____为7e，____旋合长度。

（5）"G1/2"表示公称直径为____的____螺纹。

（6）常见的标准件有（写出五种以上）_____等。

（7）规定标记"螺栓 GB/T 5782—2016　M16×60"表明该种螺栓的螺纹规格为____，有效长度为____。

（8）常见螺纹连接的三种形式为_____、_____和_____。

（9）采用近似比例画法画螺栓连接时，若螺栓公称直径为 $d$，则螺栓六角头和螺母的六边形外接圆直径约为____，螺栓螺纹部分长度约为____，螺栓六角头厚度约为____，螺母厚度约为____，平垫圈厚度约为____、外径约为____，被连接件上光孔直径约为____。

（10）标准圆柱齿轮的模数为 $m$，齿数为 $z$，则其齿顶高为____，齿根高为____，分度圆直径为____，齿顶圆直径为____，齿根圆直径为_____。

（11）齿顶圆和齿顶线用____线绘制；分度圆与分度线用____线绘制；齿根圆和齿根线用____线绘制，也可省略不画；在剖视图中，当剖切平面通过齿轮轴线时，齿根线用____线绘制。

（12）两个标准齿轮啮合，二分度圆____；二齿轮之间存在的径向间隙为____ m。

2. 选择

（1）下面外螺纹的四组视图中，画法正确的是____。

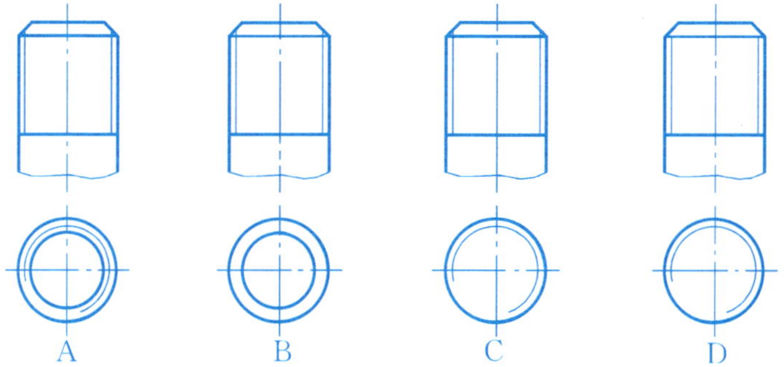

A　　　　B　　　　C　　　　D

（2）下面四个螺纹盲孔的图形中，画法正确的是____。

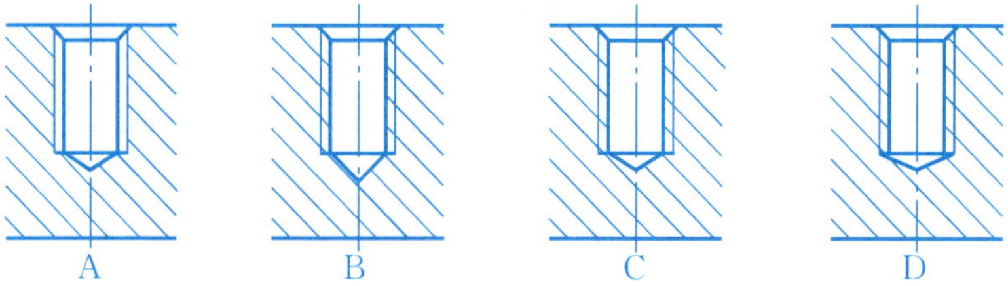

A　　　　B　　　　C　　　　D

（3）下面分别是内外螺纹旋合的主视图、左视图、A—A剖视和B—B剖视，画法有错的是____。

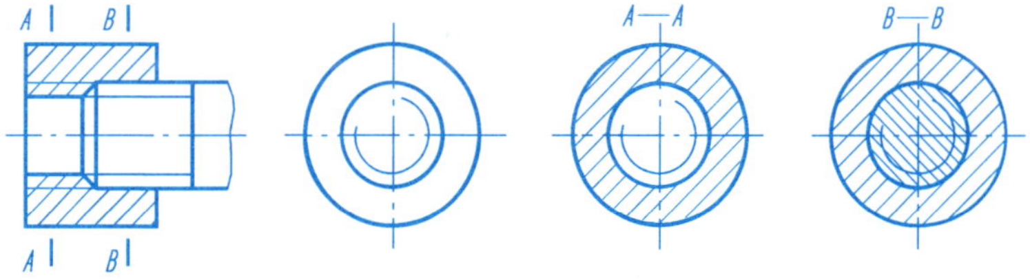

A. 主视和左视　　B. 左视和 A—A
C. 主视和 B—B　　D. A—A 和 B—B

班级_____ 姓名_____ 学号_____

## 6-5 填空与选择（续）

(4) 下面四个图形中，螺纹标注方法正确的是____。

(5) 下面四组螺栓连接图中，画法正确的是____。

(6) 下面四个双头螺柱连接图中，画法正确的是____。

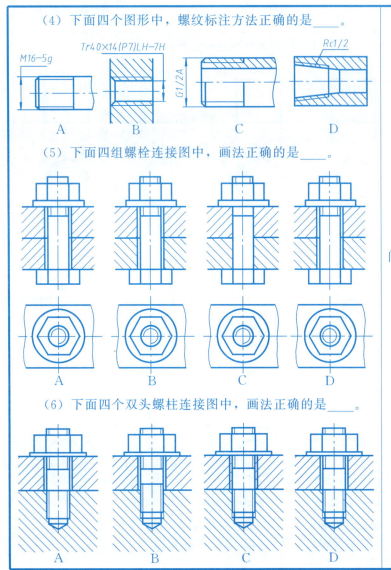

(7) 下面四组螺钉连接图中，画法正确的是____。

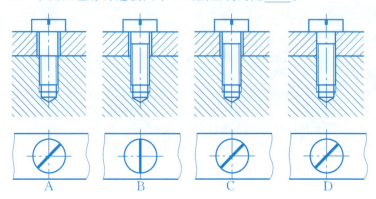

(8) 在键连接和销连接装配图画法中，下面的哪种情况存在装配间隙，应画两条线____。
A. 普通平键与键槽的顶面
B. 普通平键与键槽的侧面
C. 圆柱销与销孔
D. 圆锥销与销孔

(9) 一标准圆柱齿轮，$m=4$，$z=20$，下面计算结果正确的是____。
A. $d=80mm$，$d_a=84mm$，$d_f=76mm$
B. $d=80mm$，$d_a=88mm$，$d_f=72mm$
C. $d_a=80mm$，$d_a=72mm$，$d_f=62mm$
D. $d=80mm$，$d_a=88mm$，$d_f=70mm$

(10) 关于齿轮的规定画法，下面的叙述错误的是____。
A. 齿顶圆和齿顶线用粗实线表示
B. 齿根圆和齿根线用虚线表示
C. 分度圆和分度线用点画线表示
D. 在剖视图中，齿根线画成粗实线

(11) 一深沟球轴承，内径25mm，尺寸系列02，其基本代号为____。
A. 0205   B. 6225   C. 6205   D. 6025

# 第七章 零件图和装配图

## 7-1 零件图和装配图入门

1. 填空

（1）零件图用于指导零件的_____；装配图用于指导装配体的_____。

（2）零件图的内容一般包括_____、_____、_____和_____。

（3）装配图的内容一般包括_____、_____、_____、_____和_____。

（4）装配图的一组视图主要用于表达装配体的_____、_____和_____。

（5）装配图常用的特殊表达方法有_____、_____和_____等。

（6）装配图上标注的尺寸一般包括_____尺寸、_____尺寸、_____尺寸和_____尺寸。

（7）选择零件图的主视图应考虑_____原则、_____原则和形状特征原则。

（8）装配图的主视图一般应符合_____位置，且反映主要或较多的_____关系。

（9）零件图尺寸标注的基本要求是_____、_____、_____、_____。

（10）从工艺要求出发，标注零件图尺寸应_____、_____、_____。

（11）零件图尺寸标注中，"2×45°"表示_____，2代表_____。

（12）零件图尺寸标注中，符号"⌴"表示_____，"∨"表示___，"↧"表示_____。

2. 选择

（1）关于零件图和装配图，下列说法不正确的是____。
A. 零件图表达零件的大小、形状及技术要求。
B. 装配图是表示装配体及其组成部分的连接、装配关系的图样。
C. 零件图和装配图都用于指导零件的加工制造和检验。
D. 零件图和装配图都是生产上的重要技术资料。

（2）关于装配图画法，下列说法正确的是____。
A. 装配图中两零件的接触面应画两条线。
B. 装配图中的剖面线间隔必须一致。
C. 同一零件的剖面线必须同向且间隔一致。
D. 装配图中相邻零件的剖面线方向必须相反。

（3）关于零件图的视图选择，下面的说法正确的是____。
A. 零件图视图数量及表达方法应根据零件的具体结构特点和复杂程度而定，表达的原则是：完整、简洁、清晰。
B. 要表达完整，一个零件至少需要两个视图。
C. 视图数量越少越好。
D. 零件图应通过剖视图和断面图表达内部结构，不应出现虚线。

（4）关于尺寸基准，下面的叙述不正确的是____。
A. 根据零件结构的设计要求而选定的基准称为设计基准，从设计基准出发标注尺寸，能保证零件的装配位置和工作性能。
B. 根据零件加工、测量的要求而选定的基准称为工艺基准。从工艺基准出发标注尺寸，能把尺寸标注与零件的加工制造联系起来，使零件便于制造、加工和测量。
C. 零件的每一方向都必须有且只有一个主要基准，可以有也可以没有辅助基准。
D. 零件的每一方向的定位尺寸一律从该方向主要基准出发标注。

班级_____ 姓名_____ 学号_____

## 7-1 零件图和装配图入门（续）

(5) 下面三个图中，尺寸注法正确的是____。

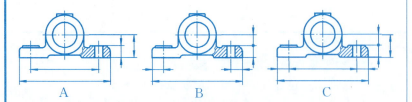

(6) 下面四个图中，尺寸注法正确的是____。

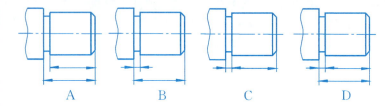

(7) 下面四个图中，尺寸注法正确的是____。

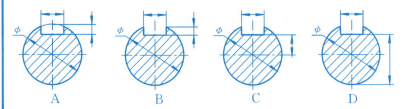

(8) 下面四个图中，倒角注法不正确的是____。

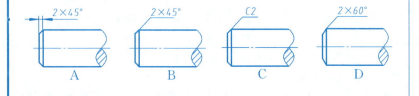

(9) 下面四个图中，退刀槽注法不正确的是____。

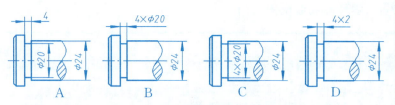

(10) 下面四个图中，过渡线画法正确的是____。

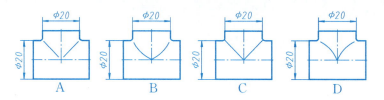

(11) 下面四个图中，沉孔、埋头孔注法不正确的是____。

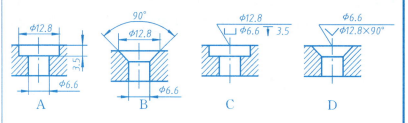

(12) 下面图形中，斜度或锥度标注正确的是____。

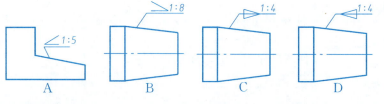

### №4  零件图的视图选择和尺寸标注

**作业指导书**

一、目的
(1) 熟悉典型零件的结构特征和视图表达特点。
(2) 熟悉零件图的尺寸标注。
(3) 熟悉零件上常见结构的画法和尺寸注法。
(4) 训练徒手画零件草图的能力。

二、内容与要求
(1) 根据后面给出的轴测图，选择表达方案，徒手画出零件草图。
(2) 按教师指定，在图纸上画出1～2个零件的零件图。比例和图幅自定。

三、注意事项
(1) 选择主视图应考虑加工位置、工作位置及形状特征原则，所选的一组视图必须把零件表达完整、清楚，并尽量简洁；可设想几种不同的视图方案，通过比较择优选用。
(2) 标注尺寸要做到正确、完整，力求清晰、合理。要正确选择尺寸基准，功能尺寸须直接注出，非功能尺寸应尽量符合加工工艺和便于测量。
(3) 零件上的倒角、退刀槽、键槽、各种孔以及铸造圆角和过渡线等要正确画出和标注。
(4) 对所画零件草图要进行认真的检查。

1. 轴

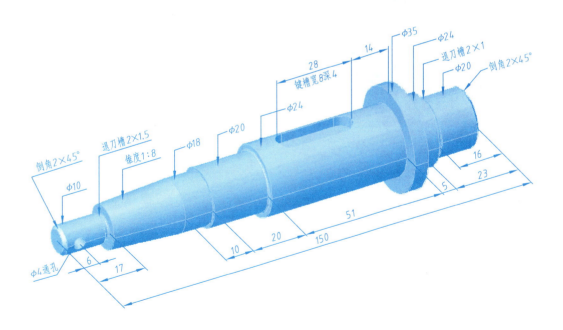

材料：45

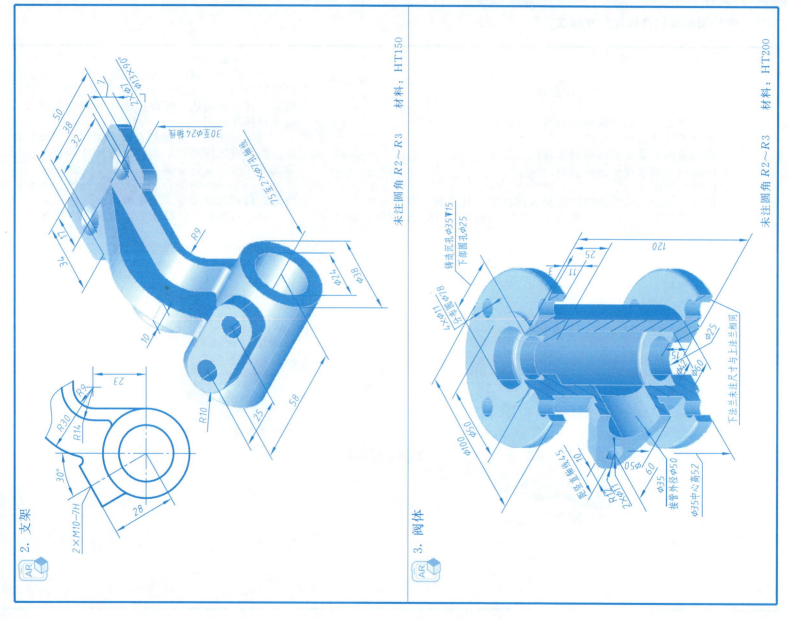

## 7-2 机械图样的技术要求

1. 分析图中表面结构标要求的注法错误，在下图中正确标注。

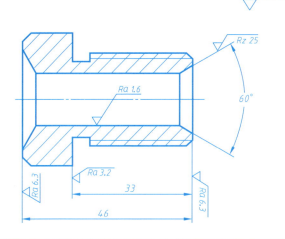

2. 按给定要求标注零件的表面结构符号。

$\phi 15$ 孔（加工面）取单向上限值，传输带 $0.008 \sim 0.8$ mm，$R$ 轮廓，算数平均偏差 $3.2 \mu m$，评定长度为 5 个取样长度（默认），"16%规则"（默认）。

底面（加工面）取单向上限值，默认传输带，$R$ 轮廓，粗糙度的最大高度 $12.5 \mu m$，评定长度包含 3 个取样长度，"最大规则"。

锪平孔（加工面）取单向上限值，默认传输带，$R$ 轮廓，算数平均偏差 $12.5 \mu m$，评定长度为 5 个取样长度（默认），"16%规则"（默认）。

其余表面均为铸造毛坯面。

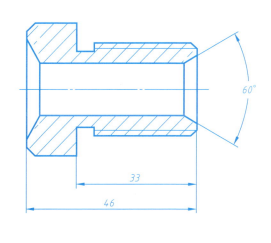

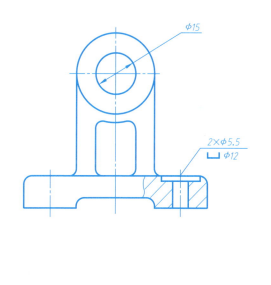

班级_____ 姓名_____ 学号_____

## 7-2 机械图样的技术要求（续）

**3. 识读公差带代号，并查表、计算后填写下表。**

| 公差带代号 | φ15H7（示例） | φ25H6 | φ10K7 | φ10G7 | φ15f6（示例） | φ25n6 | φ10h6 |
|---|---|---|---|---|---|---|---|
| 公称尺寸 | φ15 | | | | φ15 | | |
| 基本偏差代号 | H | | | | f | | |
| 标准公差等级 | 7 | | | | 6 | | |
| 基本偏差 | 0 | | | | −0.016 | | |
| 公差 | 0.018 | | | | 0.011 | | |
| 上极限偏差 | +0.018 | | | | −0.016 | | |
| 下极限偏差 | 0 | | | | −0.027 | | |
| 上极限尺寸 | φ15.018 | | | | φ14.984 | | |
| 下极限尺寸 | φ15 | | | | φ14.973 | | |

**4. 识读配合代号，并参照前题查表结果画出公差带示意图。**

| 配合代号 | | φ15H7/f6（示例） | φ25H6/n6 | φ10K7/h6 | φ10G7/h6 |
|---|---|---|---|---|---|
| 公称尺寸 | | φ15 | | | |
| 公差带代号 | 孔 | H7 | | | |
| | 轴 | f6 | | | |
| 配合基准制 | | 基孔制 | | | |
| 配合种类 | | 间隙配合 | | | |
| 公差带示意图 | | 孔 +0.018 / 0 ; 轴 −0.016 / −0.027 | | | |

## 7-2 机械图样的技术要求（续）

5. 根据装配图中的配合代号，参照前题查表结果，在零件图上注出相应的尺寸及极限偏差。

6. 根据零件图，在装配图中标注配合尺寸。

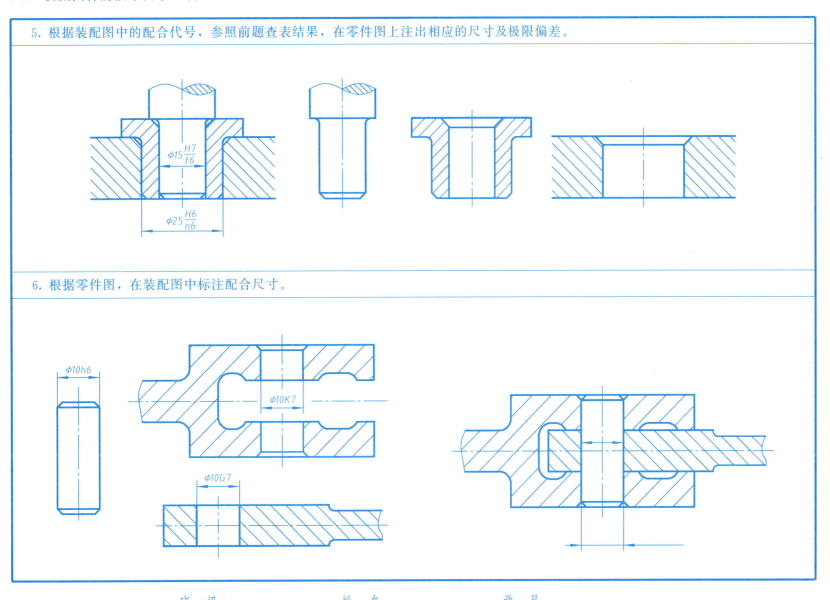

## 7. 选择题

(1) 下面几个表面结构要求中，表示用去除材料方法获得，且较为粗糙的一个是____。

(2) 关于表面结构要求的标注，下面说法不正确的是____。

A. 表面结构图形符号一般注在可见轮廓线、尺寸界线、引出线或它们的延长线上

B. 符号的尖端必须从材料外指向零件表面

C. 可以将使用较多的一种符号统一注在图样的标题栏附近

D. 表面结构参数数值的方向一律向上

(3) 下面的说法不正确的是____。

A. 上极限尺寸必大于公称尺寸

B. 上极限偏差必大于下极限偏差

C. 上极限偏差或下极限偏差可为正值，也可以为负值或零

D. 公差必为正值

(4) 一尺寸的上极限偏差为+0.015，下极限偏差为-0.033，则其公差为____。

A. 0.018　　B. 0.048　　C. -0.018　　D. -0.048

(5) 下面四个公称尺寸与极限偏差，写法正确的是____。

A. $\phi 20^{+0.021}_{-0.000}$　　B. $\phi 20^{+0.021}$　　C. $\phi 20^{+0.021}_{0}$　　D. $\phi 20^{+0.021}_{0}$

(6) 下面图中尺寸公差标注不正确的是____。

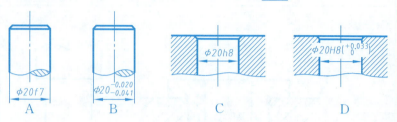

(7) 几何公差符号"⌖"表示____。

A. 圆度　　B. 圆柱度　　C. 位置度　　D. 同轴度

(8) 左轴段对右轴段的同轴度公差为$\phi 0.01$mm，下面四个图几何公差标注正确的是____。

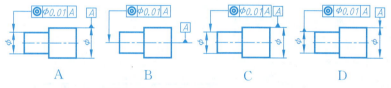

(9) 不查表判断，$\phi 20h7$的极限偏差数值应是____。

A. $\phi 20^{+0.021}_{0}$　　B. $\phi 20^{0}_{-0.021}$　　C. $\phi 20^{+0.021}_{-0.010}$　　D. $\phi 20^{+0.010}_{-0.021}$

(10) 下面四个尺寸中，配合代号正确的是____。

A. $\phi 20 \frac{H7}{f6}$　　B. $\phi 20 \frac{f6}{H7}$　　C. $\phi 20 \frac{H7}{F6}$　　D. $\phi 20 \frac{h7}{F6}$

(11) 下面四个配合代号，属于基孔制间隙配合的是____。

A. $\phi 20 \frac{H7}{f6}$　　B. $\phi 20 \frac{H7}{n6}$　　C. $\phi 20 \frac{K7}{h6}$　　D. $\phi 20 \frac{G7}{h6}$

(12) 下面四个配合代号，属于基轴制间隙配合的是____。

A. $\phi 20 \frac{H7}{f6}$　　B. $\phi 20 \frac{H7}{n6}$　　C. $\phi 20 \frac{K7}{h6}$　　D. $\phi 20 \frac{G7}{h6}$

7-3 装配图画法 参照轴测图，画出旋塞装配图的主视图（全剖），并标注尺寸，编写零件序号，填写明细栏。

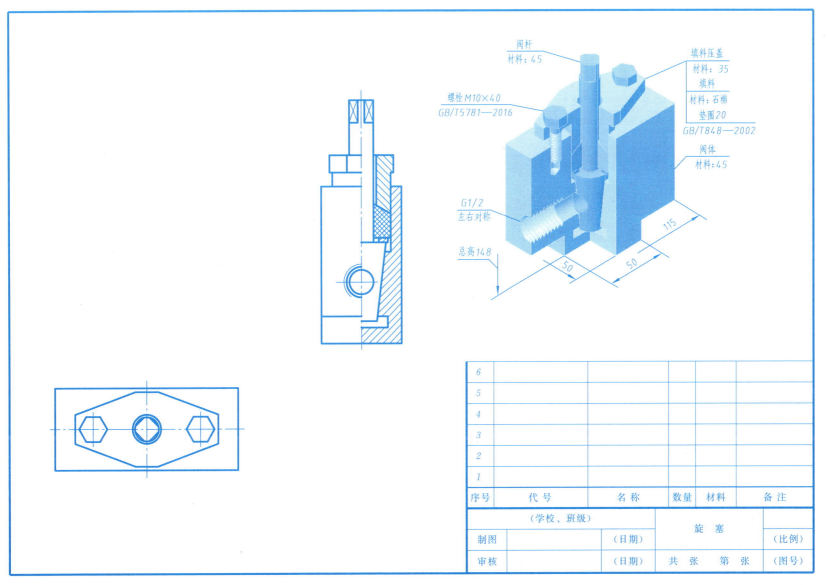

## 7-4 读零件图

1. 看懂轴的零件图，回答下面的问题。

(1) 该零件名称为_____，材料为_____，绘图比例为_____。

(2) 主视图轴线水平放置，主要是为了符合零件的____位置。

(3) 除主视图外，采用了两个_____图表达轴上键槽处的断面形状。

(4) 分析尺寸基准，在图中标出该轴径向基准和轴向主要尺寸基准；指出两个键槽的定位尺寸和尺寸基准。

(5) $\phi 45^{+0.050}_{+0.034}$ 表示公称尺寸为_____，上极限尺寸为_____，下极限尺寸为_____，尺寸公差为_____。

(6) $\phi 45$ 轴段上键槽的宽度为_____，深度为_____，注出 39.5 表示深度是为了便于_____。

(7) 轴的两端所注出的"C2"表示____结构，其宽度为____，角度为_____。

(8) 分析比较轴上各表面的表面结构要求，其中最光面的 $Ra$ 值为_____，最粗糙面的 $Ra$ 值为_____。

**技术要求**

调质处理26～31HRC。

## 7-4 读零件图（续）

2. 看懂管板的零件图，回答下面的问题。

（1）该零件图包括____个基本视图；另外四个图形均是比例为____的_____图，它们比基本视图放大了____倍。

（2）主视图符合零件的____位置，它采用了_____剖视。

（3）俯视图采用了_____画法来表示直径相同且成规律分布的孔；其中直径为 $\phi 25.4$ 的管孔有____个，直径为 $\phi 16$ 的螺栓孔有____个。

（4）零件上有____个螺孔，它们的螺纹代号为_____，深度为_____。

（5）看懂四个局部放大图所表达的部位和结构形状，分析想象整个零件的结构形状。

（6）管板的材料为_____，未注表面的 $Ra$ 值为_____，采用_____规则。

## 7-4 读零件图（续）

3. 看懂泵体的零件图，回答下面的问题。

（1）该零件图除主视图、左视图外，还包括_____图和_____图，说明为何要画这两个图。

（2）用箭头在图中指出长、宽、高方向上的尺寸基准，分析该零件重要的定形尺寸和定位尺寸。

（3）零件上有___个M8螺栓孔，其深度为_____；有___个φ5销孔，其_____尺寸为20。

（4）螺纹代号"G1/2"的含义为_____。

（5）解释图中所标注的几何公差代号。

（6）分析想象零件形状，试画出右视方向的局部视图（另外用纸）。

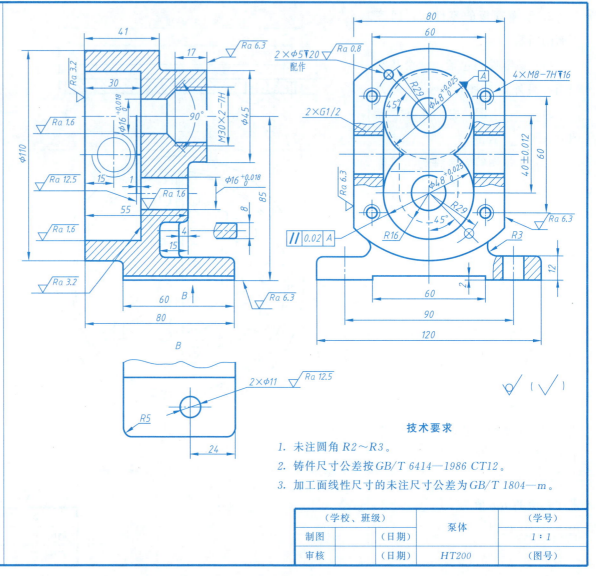

7-5　读装配图

1. 阅读"定位器"装配图，填空回答下列问题。

(1) 该装配体由____种零件组成，其中标准件有____种，它们分别是_____。

(2) 件4的名称为_____，材料为_____；件5的名称为_____，材料为_____。

(3) 件1和件5之间的螺纹连接为_____螺纹，螺纹大径为_____，旋向为_____，外螺纹中、顶径公差带代号为_____，内螺纹中、顶径公差带代号为_____。

(4) 该装配体的总长、总宽、总高分别为____、____、____。

(5) 件5左端标注的"9×9"表示_____。

2. 阅读"齿轮油泵"装配图，填空回答下列问题。

(1) 主视图中用双点画线画出齿轮及销连接属于_____画法；左视图右半部为表达出二齿轮的啮合情况采用了_____画法。

(2) 分析齿轮油泵的工作原理，如果油从前孔吸进，从后面孔压出，二齿轮应如何旋转？试用箭头标出进油、出油及二齿轮的旋转方向。

(3) 小轴（件4）与从动齿轮（件5）为基____制____配合，与泵座（件9）为基____制____配合。当主动齿轮带动从动齿轮旋转时，小轴是否一起转动？_____。

(4) 填料（件10）的材料是_____，其作用是_____，若要更换填料时，应卸下零件_____。

(5) 分析图中所注尺寸，其规格尺寸是_____，属于安装尺寸的有_____，属于外形尺寸的有_____。

(6) 主动齿轮和从动齿轮的模数为____，齿数为____。

(7) 按教师指定，拆画泵体（件1）或泵座（件9）的零件图。

3. 阅读"传动器"装配图，填空回答下列问题。

(1) 该装配图主视图采用____剖视，左视图采用了____剖视，为避免重复和遮挡，左视图采用了____画法。

(2) 该装配体有____种标准件，螺钉（件5）的数量为____，用于连接_____和_____；键（件3）用于实现轴与_____和_____之间的连接；挡圈（件2）和螺栓（件1）的作用是_____。

(3) 两个滚动轴承的代号为_____，属于_____轴承。其外径为_____，与_____配合；内径为_____，与_____配合。

(4) $\phi 62H7/f7$ 表示_____和_____构成基____制____配合。

(5) 该装配体的安装尺寸有_____、_____和_____。

(6) 按教师指定，拆画座体（件9）或轴（件8）的零件图。

班级_____　姓名_____　学号_____

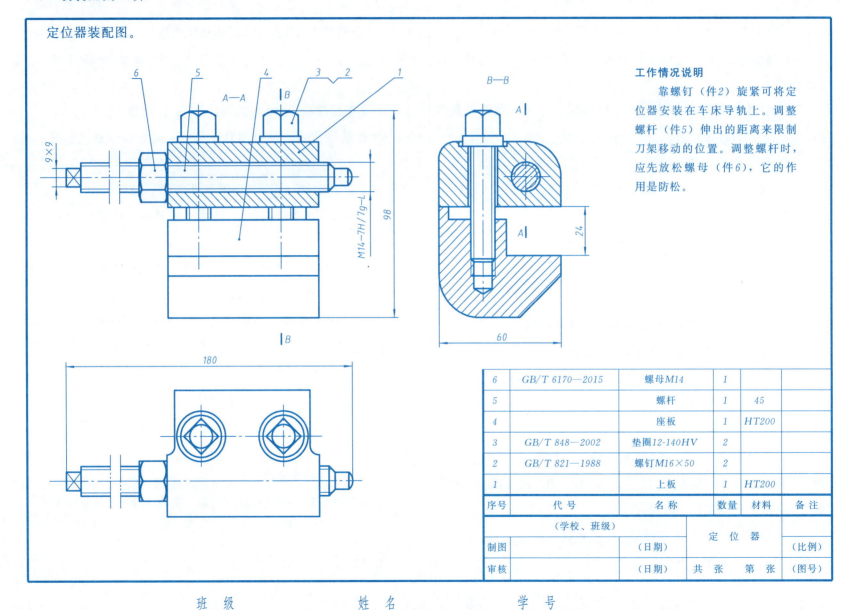

## 7-5 读装配图（续）

齿轮油泵装配图。

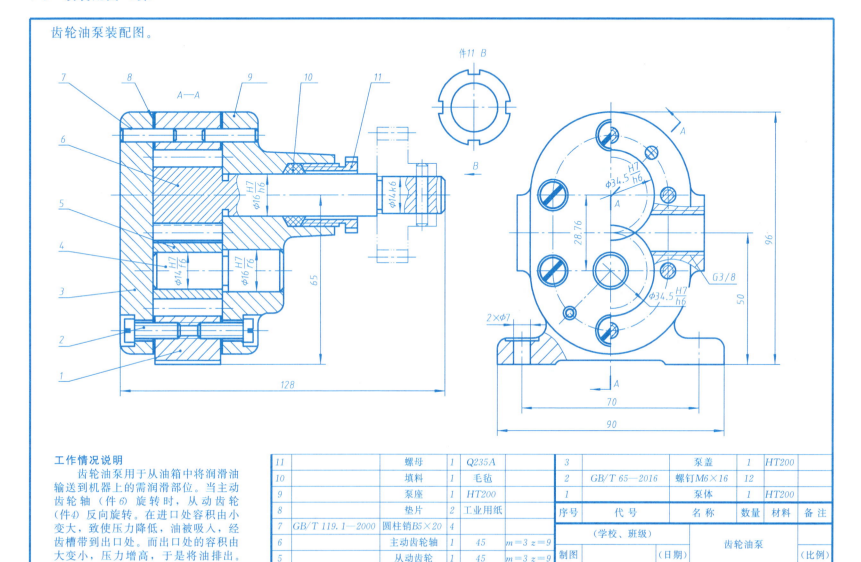

## 7-5 读装配图（续）

传动器装配图。

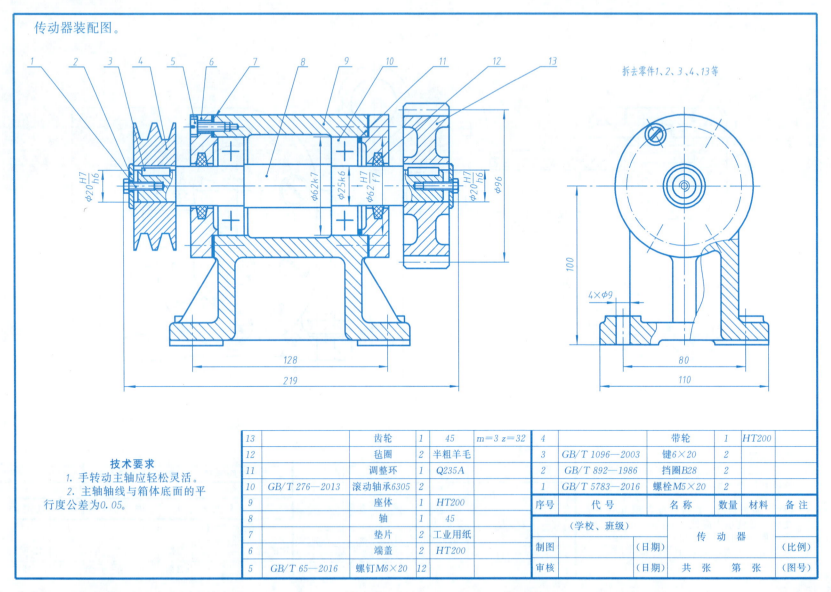

№ 5  由零件图拼画装配图

## 作业指导书

一、目的
(1) 熟悉装配图的画法规定、尺寸标注及其他各项内容。
(2) 进一步练习和检验读零件图的能力。
(3) 熟悉标准件查表和画图方法。

二、内容及要求
由零件图拼画千斤顶装配图，图幅、比例自定。
(1) 看懂装配示意图和零件图，了解装配体的装配关系、工作原理和基本结构。
(2) 选择表达方案，画出装配图的一组视图，标注尺寸和技术要求，编写零件序号，画出并填写明细栏、标题栏。

三、注意事项
(1) 对于装配体上的标准件，需查表确定其尺寸。
(2) 画图时应首先画出起定位作用的基准件，确定主要装配线，然后沿装配线依次画出每一零件。须注意零件间的位置关系、尺寸关系和遮挡关系；注意接触面和非接触面和画法；注意相邻零件剖面线不可相同。
(3) 装配图只需标注特性、装配、外形、安装及其他重要尺寸。
(4) 零件序号的编写要整齐。

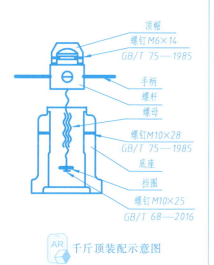
千斤顶装配示意图

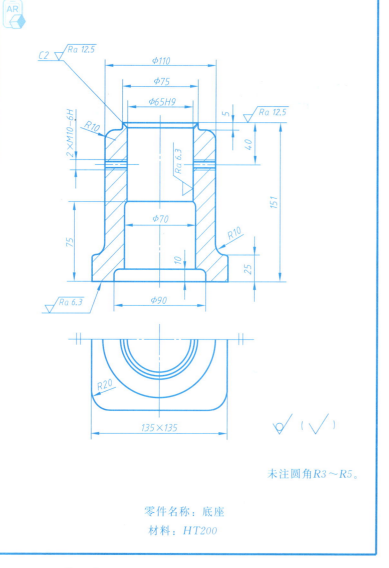
未注圆角R3～R5。

零件名称：底座
材料：HT200

№ 5　由零件图拼画装配图（续）

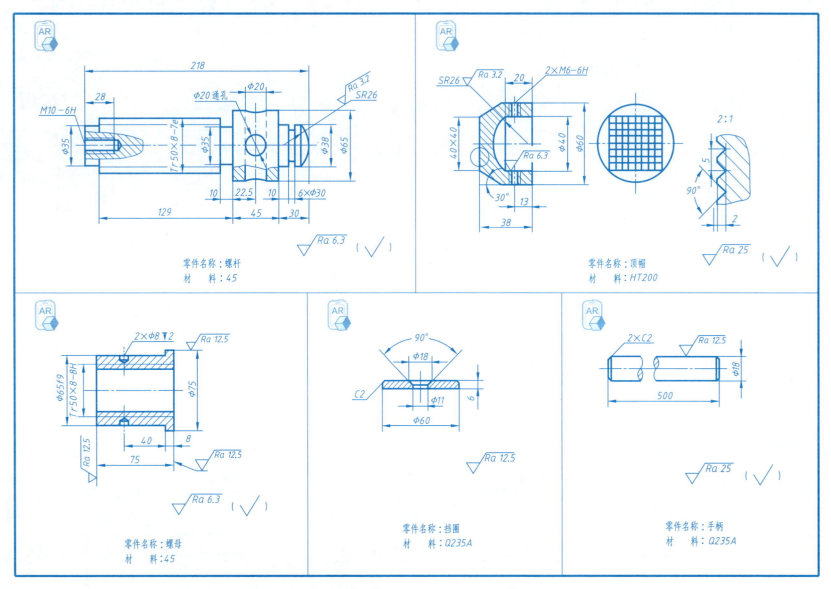

班级　　　　　姓名　　　　　学号

No 6　由装配图拆画零件图

**作业指导书**

一、目的
(1) 熟悉由装配图画零件图的方法和步骤。
(2) 综合零件图和装配图知识，训练与检验读图的能力。
(3) 进一步提高徒手及使用工具绘图的基本技能。

二、内容及要求
(1) 从 7-5 的各装配图中，按教师指定，拆画 3～4 个零件，绘制零件草图。
(2) 从画出的零件草图中，选择一张，整理绘制零件图。

三、注意事项
(1) 拆画零件图必须首先读懂装配图，特别是所拆画零件的结构形状及其在装配体中的位置和作用；视图方案应根据零件自身的加工、工作位置及形状特征选择主视图；根据其复杂程度确定其他视图数量。
(2) 对于所拆画零件在装配图上未表达清楚的形状和工艺结构应合理地予以补充和完善。
(3) 确定和标注零件尺寸时，对于装配图上已注出的尺寸，必须按其抄注；配合尺寸，应根据配合代号注出零件的公差带代号或极限偏差；对于标准件、标准结构以及与它们有关的尺寸应查表取标准值；而其他多数尺寸则按比例直接从装配图上量取。
(4) 在由零件草图画零件图时，应对草图进行全面认真的审查校核。

No 7　装配体测绘

**作业指导书**

一、目的
(1) 熟悉装配体测绘的方法和步骤。
(2) 全面运用本课程所学知识，系统训练投影作图、图样表达、尺寸和技术要求标注以及绘图技能等综合能力。
(3) 进一步培养学生认真负责的工作态度和一丝不苟的工作作风。

二、内容及要求
(1) 按教师指定的装配体，通过观察、分析和拆卸，对其用途、性能、工作原理、结构特点等作全面的了解，并画出装配示意图。
(2) 画出所有非标准件的零件草图。
(3) 根据零件草图绘制装配草图。
(4) 根据装配草图和零件草图绘制装配图。
(5) 按教师指定，根据装配图和零件草图绘制 1～3 张零件图。

三、注意事项
(1) 拆卸装配体时，注意爱护并保存好零件和量具。
(2) 标准件不需画零件图，但应测量有关尺寸，查阅确定其标准。
(3) 标注尺寸和其他技术要求时，应注意相关零件间的协调一致性。

班级　　　　　　姓名　　　　　　学号

# 第八章　化工设备图

## 8-1　查表确定化工设备标准零部件尺寸

### 1. 封头　EHA 1000×6-Q235A JB/T 4746

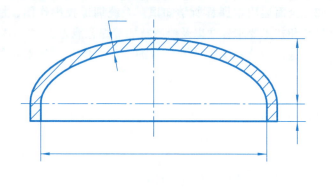

### 2. 补强圈　DN450×18　JB/T 4736—1995

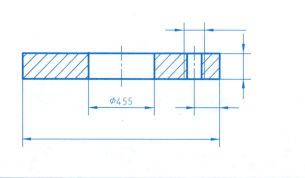

### 3. 法兰　DN-PN　JB/T 81—1994

| PN/MPa | 0.25 | 0.25 | 0.25 | 0.25 | 1.6 |
|---|---|---|---|---|---|
| DN/mm | 25 | 40 | 50 | 65 | 15 |
| A |  |  |  |  | 18 |
| B |  |  |  |  | 19 |
| $f'$ |  |  |  |  | 2 |
| D |  |  |  |  | 95 |
| K |  |  |  |  | 65 |
| d |  |  |  |  | 45 |
| c |  |  |  |  | 14 |
| n |  |  |  |  | 4 |
| L |  |  |  |  | 14 |

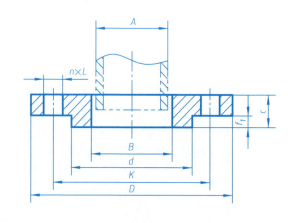

班级＿＿＿＿　姓名＿＿＿＿　学号＿＿＿＿

8-1 查表确定化工设备标准零部件尺寸（续）

4. 人孔 DN450 JB/T 577—1979

5. 鞍座 JB/T 4712.1—2007，支座 A1000-F（S）

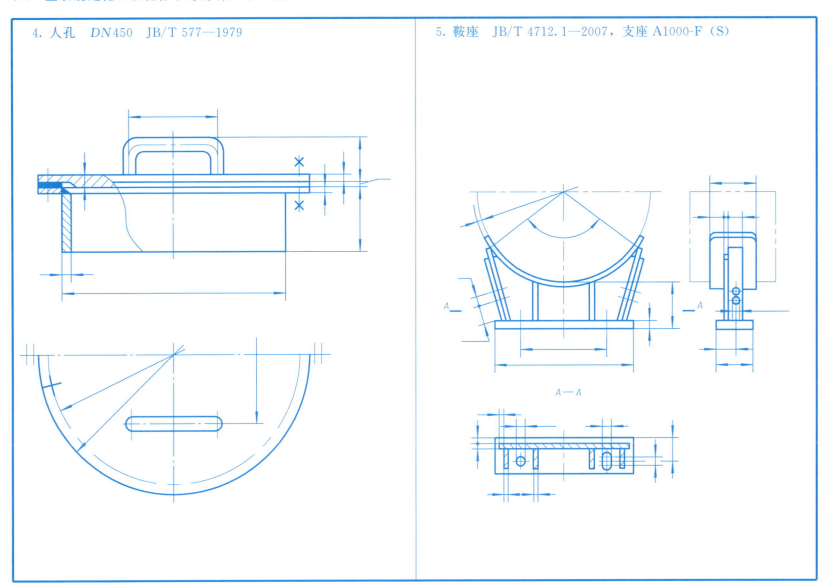

№ 8　拼画化工设备图

## 作业指导书

一、目的

(1) 熟悉化工设备图的内容及表达方法。

(2) 掌握化工设备图的作图步骤。

二、内容和要求

(1) 根据示意图,结合作业 8-1 查表所得数据拼画卧式储罐设备图,并标注尺寸。

(2) A2 图纸,横装,绘图比例自定。

(3) 图名为:卧式储罐 $V=2.5\text{m}^3$。

三、注意事项

(1) 画图前应先看懂设备示意图及有关零部件图,了解设备的工作情况及各零部件的装配连接关系。

(2) 可参考教材附图,综合运用化工设备图的表达方法确定表达方案。

(3) 要合理布置视图及标题栏、明细表、管口表、技术特性表、技术要求。

(4) 画剖视图时,相邻零件的剖面线方向、间隔不能相同,同一零件的剖面线在各剖面区域中应保持一致。

(5) 筒体、封头、接管的壁厚可采用夸大画法。

**技术特性表**

| 工作压力 | 常压 |
|---|---|
| 工作温度 | ≤100 |
| 介质 | 物料 |
| 容积 | 2.5m³ |
| 材质 | Q235A |

**管口表**

| 序号 | 公称尺寸 | 连接尺寸标准 | 连接面形式 | 用途或名称 |
|---|---|---|---|---|
| $a$ | 50 | JB/T 81—1994 | 平面 | 进料口 |
| $b$ | 65 | JB/T 81—1994 | 平面 | 备用口 |
| $c$ | 25 | JB/T 81—1994 | 平面 | 压力计口 |
| $d$ | 40 | JB/T 81—1994 | 平面 | 排气口 |
| $e$ | | G1 | 螺纹 | 温度计口 |
| $f$ | 450 | JB/T 577—1979 | | 人孔 |
| $g$ | 40 | JB/T 81—1994 | 平面 | 排污口 |
| $h$ | 50 | JB/T 81—1994 | 平面 | 放料口 |
| $i_{1-2}$ | 15 | JB/T 81—1994 | 平面 | 液面计口 |

班级　　　　　姓名　　　　　学号

### No 8　拼画化工设备图（续）

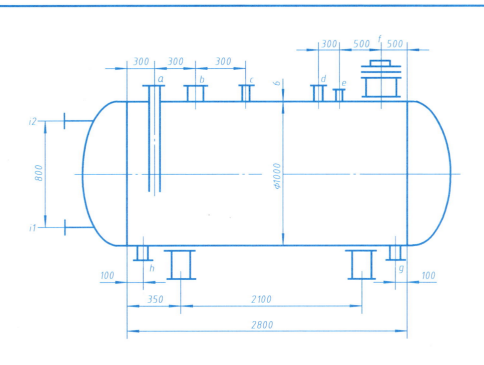
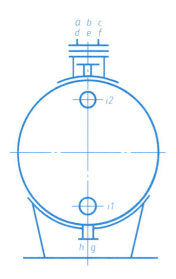

注：各接管口的伸出长度均为120mm。

**技术要求**

1. 本设备按《压力容器安全技术监察规程》和JB/T 741—1980《钢制焊接容器技术条件》进行制造、试验和验收。
2. 本设备全部采用电焊，焊接接头形式按GB/T 985—1980规定，对接接头采用Ⅰ型，法兰焊接按相应的标准。
3. 设备制成后，以0.25MPa水压实验后，再以0.1MPa进行气密性试验。
4. 设备外表面涂漆。

班级＿＿＿＿　姓名＿＿＿＿　学号＿＿＿＿

## 8-2 读图填空

1. 读下页化工设备图，回答下列问题。

(1) 该设备名称为_____，共有零部件____种，其中标准件____种，接管口____个。筒体内径为____mm，壁厚为____mm。设备的壳程工作压力____MPa，壳程工作温度____℃。管程工作压力____MPa，管程工作温度____℃，搅拌桨转速____r/min。

(2) 图样上采用了____个基本视图、____个局部放大的剖视图及____个局部放大图。主视图采用了_____画法，以表达设备的内、外结构及各零部件间的主要装配关系，俯视图主要用以表达_____。

(3) A—A、B—B、D—D 剖视图分别用以表达基本视图中未表示清楚的_____与____的装配连接关系，E—E 剖视图表达了____的装配连接情况，局部放大图表达了____的装配连接情况。

(4) 筒体与上、下封头采用____连接，各接管与上封头采用____连接，动力装置的机座通过_____与焊接在设备上的底座连接，设备整体用____个____支座支承。

(5) 件 11（联轴器）的作用是_____，零件 8 称为_____，其作用是_____，设备上的人孔用来_____。

(6) 原料由____接管口加入，通过充分搅拌，反应完成后的物料由____接管口排出。设备的加热装置是_____，其中心距为_____mm，加热介质为_____，由____接管口进入，由____接管口排出。

2. 综合复习填空。

(1) 化工设备图用于指导设备的____、____、____及使用和维修等。

(2) 化工设备图的内容除视图、尺寸、零部件编号及明细栏、标题栏外，还包括_____、_____和技术要求。

(3) 常见化工设备的类型有_____、_____、_____、_____等。

(4) 化工设备广泛采用标准化零部件，常见的标准化零部件有（写出四种以上）_____。

(5) 化工设备主体形状多为_____形，制造工艺上大量采用_____，设备上有较多的_____用以安装零部件和连接管路。

(6) 化工设备图通常采用____个基本视图；立式设备采用_____和_____；卧式设备采用_____和_____。

(7) 化工设备图常采用_____画法，将设备周向分布接管、孔口或其他结构，分别旋转到与主视图所在投影面平行的位置画出。

(8) 管口方位图一般仅画出_____，用____线表示管口位置，用____线示意性地画出设备管口。

(9) 焊接接头通常包括_____、_____、_____、_____等四种基本形式。

(10) 化工设备图上通常标注_____、_____、_____、_____及其他重要尺寸。

班级_____ 姓名_____ 学号_____

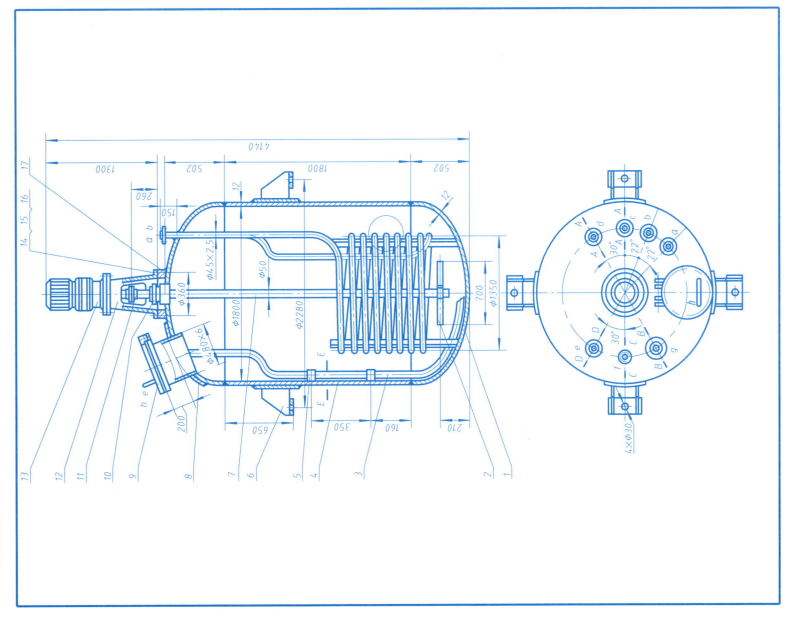

8-2 读图填空（续）

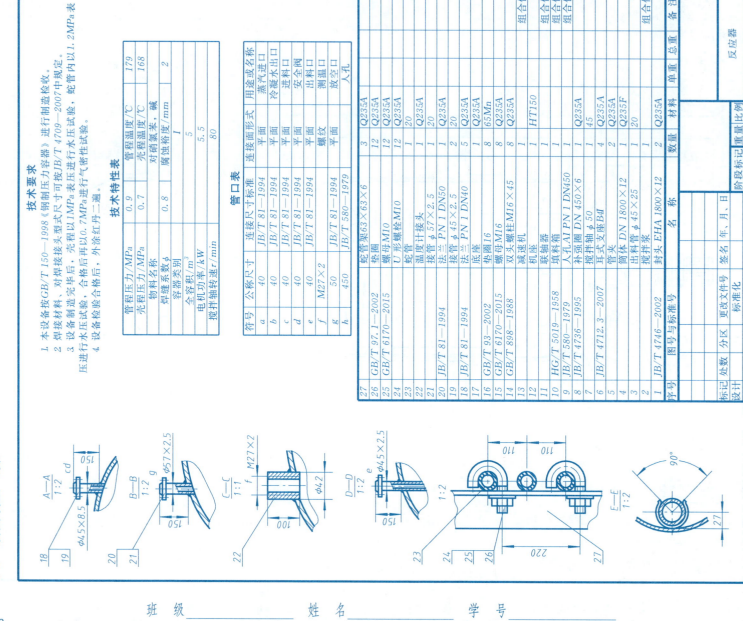

# 第九章　化工工艺图

## 9-1　填空与读图

1. 阅读空压站带控制点工艺流程图，回答问题。

   (1) 该岗位共有____台设备，其中____台为动设备，其他静设备分别是_____。
   (2) 来自空压机的压缩空气沿管道_____经测温点_____进入_____进行冷却。
   (3) 冷却后的压缩空气经测__点_____沿管道_____进入_____。
   (4) 从气液分离器出来的空气沿管道_____进入_____，干燥后的空气分两路，沿管道_____各经一个_____阀和一个_____阀，再经测_____点和大小头进入_____。
   (5) 除尘后的空气沿管道_____经_____阀和_____点进入储气罐，然后沿管道_____和_____送出。
   (6) IA0604-32×2 管道的作用是_____。
   (7) 冷却水沿管道_____和_____经_____阀进入后冷却器，热交换后沿管道_____排入地沟。
   (8) 正常工作时，三台压缩机中有两台工作，一台备用，每台压缩机出口的_____管道上均接有_____阀和_____阀，其作用是_____。
   (9) 该岗位共用到截止阀_____个、止回阀_____个、测压点_____个、测温点_____个。
   (10) 管道代号 RW0601-32×3 中，"RW" 为_____代号，"06" 为_____号，"01" 为_____，"32×3" 表示_____。

2. 阅读空压站设备布置图，回答问题。

   (1) 空压站设备布置图包括_____图和_____图。
   (2) 从平面图可知，储气罐位于室外，距①墙_____mm，在_____墙以_____750mm。三台空压机之间的间距为_____mm，两台除尘器相距_____mm，厂房的南北跨度为_____mm，东西跨度为_____mm，共有_____扇窗，大门朝_____，向_____打开。
   (3) 从1—1剖面图可知，空压机布置在标高为_____m 的楼面上，气液分离器布置在标高为_____m 的楼面上，除尘器顶部管口的标高为_____，干燥器顶部连接管的标高为_____，厂房顶部的标高为_____。

班级_____　姓名_____　学号_____

## 9-1 填空与读图（续）

3. 阅读空压站管路布置图，回答问题。

(1) 该图为_____管路布置图，包括两台位号分别为_____和_____的_____设备及有关管道。

(2) 来自 E0602 干燥器的压缩空气沿管道_____，在标高_____处向南、向东，然后分为两路，一路继续向东通向除尘器_____，另一路向____，在标高_____处又分为两路，一路向南、向____、向____，沿管道_____与除尘器出口管道相连，在标高_____处装有阀门；另一路继续向_____，经标高_____处的阀门后再向_____，经测_____点和大小头在标高_____处进入除尘器。

(3) 除尘器顶部出口的管道向____、向东、向____，在标高_____处向南，经管道_____通向_____。

(4) 除尘器底部出口的排污管道向下、在标高_____处向_____，然后向下到排沟，该管道编号为_____，在管道上装有操作件向_____的阀门。

(5) 该部分管路上共有阀门_____个，除排污管道上的阀门外，其余阀门的操作件均向_____。

4. 综合填空

(1) 化工工艺流程图是一种表示_____的示意性图样，根据表达内容的详略，分为_____和_____。

(2) 化工工艺流程图中的设备采用_____性____画法，每一设备需标注设备位号，设备位号一般包括_____、_____、_____等。

(3) 化工工艺流程图中的设备用_____线画出，_____用粗实线画出。

(4) 建筑图样的视图，主要包括_____图、_____图和_____图，以_____图为主。

(5) 建筑物的高度尺寸以_____形式标注，以____为单位，而平面尺寸以_____为单位。

(6) 设备布置图是在_____的基础上增加_____的内容，_____用粗实线表示，厂房建筑用_____线画出。

(7) 管路布置图是在_____的基础上画出_____、_____及_____，用于_____。

(8) 设备布置图和管路布置图主要包括反映设备、管路水平布置情况的_____图和反映某处立面布置情况的_____图。

班级_____ 姓名_____ 学号_____

9-1 填空与读图（续）

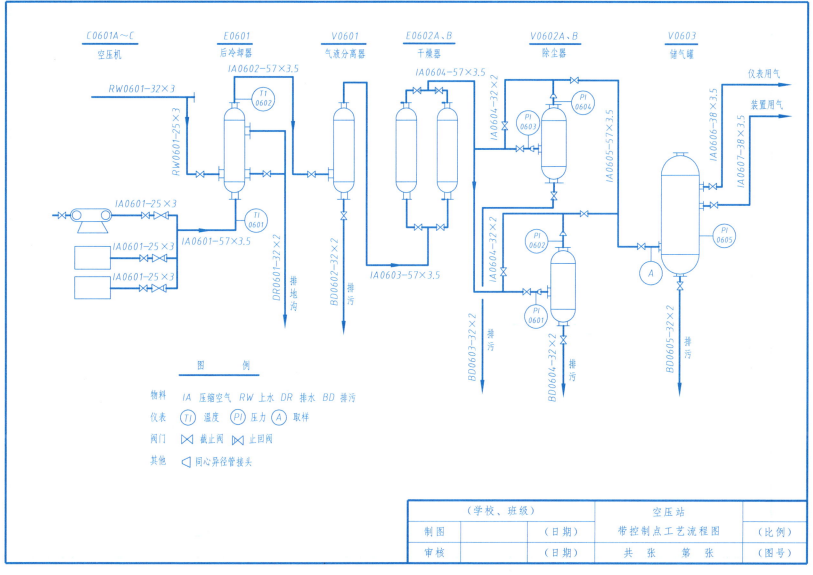

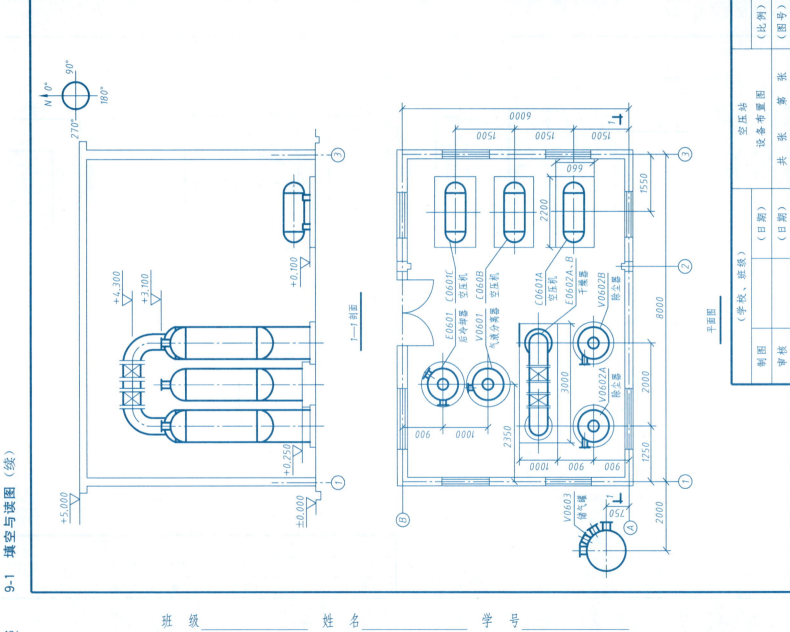

9-1 填空与读图（续）

9-1 填空与读图（续）

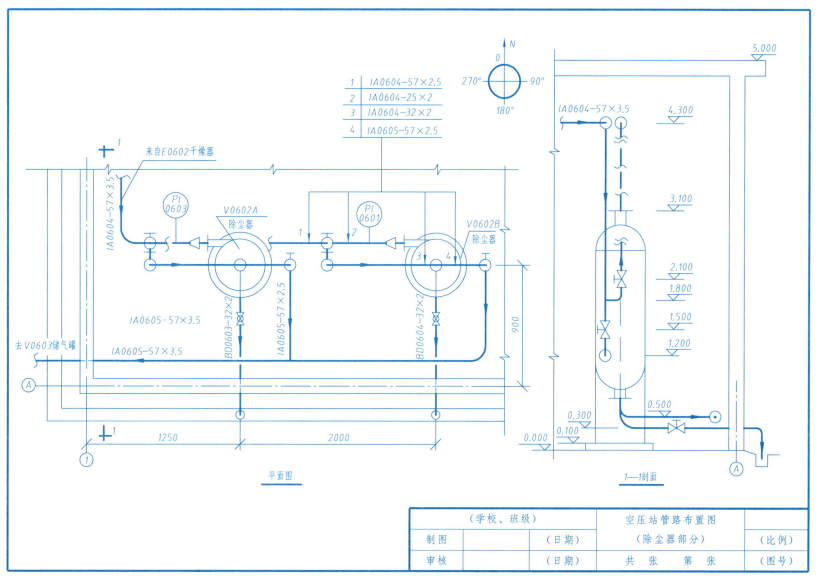

## 9-2 管路画法

1. 已知管路的平面图和正立面图，画出其左、右立面图。

(1)

(2)

2. 已知管路的正立面图，画出其平面图和左、右立面图（宽度尺寸自定）。

(1)

(2)

9-2 管路画法（续）

3. 根据轴测图，画出下面管路的平面图和立面图。

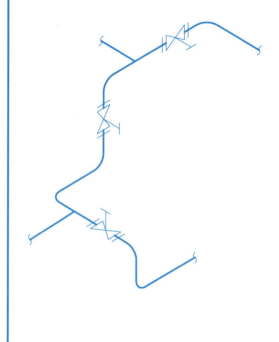

班级_____ 姓名_____ 学号_____

9-2 管路画法（续）

4. 据下面管路的平面图和立面图，画出管路的轴测图。

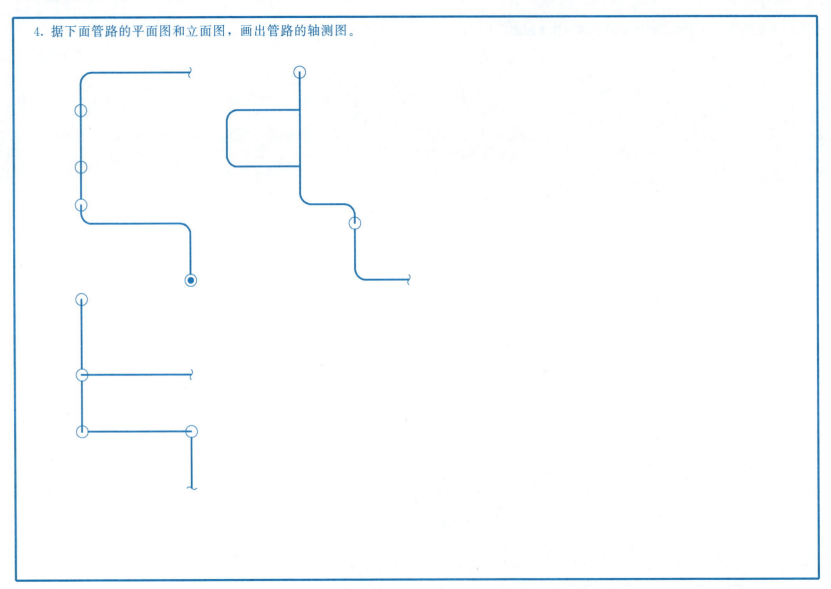

班级_____ 姓名_____ 学号_____

## 9-2 管路画法（续）

5. 根据题 9-1 图空压站管路布置图，采用适当比例，画出管路布置轴测图。

# 附录1 部分习题答案

## 第一章

1-6-1 （1）推荐性国家标准，编号14689，2008年颁布 （2）5 25 10 （3）粗实线 虚线 细点画线 （4）尺寸界线 尺寸线 尺寸线终端 尺寸数字 （5）上 上 左 左 （6）直径 半径 球面直径 （7）2B 2H HB （8）由圆心向直线作垂线的垂足处 （9）$R+R_1$ （10）标注尺寸的起点 （11）已知线段 中间线段 连接线段

1-6-2 （1）C （2）B （3）C （4）A （5）D （6）D （7）B

## 第二章

2-1-3 $A$左$B$右 $A$下$B$上 $A$前$B$后

2-2-1 水平 侧垂 侧平 一般位置直 正垂

2-2-5 不在

2-3-1 铅垂 侧平 一般位置平 正垂

2-3-4 不在

2-4-1 3 1 2 6 5 4

2-5-1 （1）中心 正斜 （2）平行 垂直 （3）反映实长 积聚为一点 平行 垂直 （4）正面 水平面 侧面 $V$ $H$ $W$ （5）$a'$ $a$ $a''$ （6）$OX$ $V$ $W$ $W$ $OZ$ （7）$W$ $V$ $H$ （8）$x$ $z$ $x$ $y$ $y$ $z$ （9）$V$ $H$ $W$ $V$ $W$ （10）$x$ $z$ $V$ $A$ $B$ （11）平行 垂直 倾斜 （12）正平线 水平线 侧平线 正垂线 铅垂线 侧垂线 （13）倾斜 倾斜 平行 $W$ $OX$ （14）正垂 积聚为一点 $OX$ $OZ$ （15）垂直 倾斜 （16）正平面 水平面 侧平面 正垂面 铅垂面 侧垂面 （17）正平 $V$ 积聚为直线 （18）倾斜 倾斜 垂直 $W$ （19）长 高 长 宽 宽 高 （20）主俯 俯左 主左 （21）长对正 高平齐 宽相等 （22）主俯 主左 俯左

2-5-2 （1）B （2）C （3）C （4）A （5）C （6）B （7）A （8）D （9）C （10）B （11）D （12）D （13）B （14）A （15）B （16）C （17）B （18）C （19）C （20）C （21）D

## 第三章

3-3-4 （1）B （2）D （3）C （4）C （5）C （6）B

## 第四章

4-5-1 （1）圆柱 水平 后 上 （2）圆柱 侧平 后 上 右 （3）正平 水平 后 下 （4）正平 正垂 水平 水平 前 下

4-7 （1）A （2）C （3）D （4）A （5）A、D （6）D （7）B （8）C （9）D （10）C （11）D （12）B

## 第五章

5-7 （1）C （2）C （3）C （4）D （5）D （6）D （7）B （8）B （9）C （10）C （11）B （12）B （13）C

## 第六章

6-5-1 （1）牙型 直径 螺距 导程 线数 旋向 牙型 直径 螺距 （2）粗实 细实 细实 粗实 （3）大径 粗牙普通 右 中、顶径公差带 短 （4）大径 导程 螺距 双 梯形 左 中径公差带 中等 （5）1/2英寸 管 （6）螺栓、螺母、垫圈、双头螺柱、螺钉、键、销、滚动轴承等 （7）M16 60 （8）螺栓连接 双头螺柱连接 螺钉连接 （9）$2d$ $2d$ $0.7d$ $0.8d$ $0.15d$ $2.2d$ $1.1d$ （10）$m$ $1.25m$ $mz$ $m(z+2)$ $m(z-2.5)$ （11）粗实 细点画 细实 粗实 （12）相切 0.25

6-5-2 （1）C （2）C （3）B （4）A （5）B （6）D （7）C （8）A （9）D （10）B （11）C

## 第七章

7-1-1 （1）加工制造和检验 装配、检验、安装、使用和维修

(2) 一组视图 足够的尺寸 技术要求 标题栏 (3) 一组视图 必要的尺寸 技术要求 零部件序号 明细栏 标题栏 (4) 装配关系 工作原理 基本结构形状 (5) 拆卸画法 夸大画法 假想画法 (6) 特性 装配 安装 外形 (7) 加工位置 工作位置 (8) 工作 装配 (9) 正确 完整 清晰 合理 (10) 符合加工顺序 考虑加工方法 便于测量 (11) 45°倒角 倒角宽度 (12) 沉孔或锪平 埋头孔 孔深

7-1-2 (1) C (2) C (3) A (4) D (5) A (6) B (7) D (8) D (9) C (10) A (11) C (12) C

7-2-7 (1) B (2) D (3) A (4) B (5) D (6) C (7) C (8) A (9) B (10) A (11) A (12) D

7-4-1 (1) 轴 45 1∶3 (2) 加工 (3) 移出断面 (5) 45 45.05 45.034 0.016 (6) 14 5.5 测量 (7) 倒角 2 45° (8) 0.8μm 12.5μm

7-4-2 (1) 2 1∶2 局部放大图 2.5 (2) 工作 全 (3) 简化 94 20 (4) 4 M16-7H 20 (6) Q235A 25μm 16%

7-4-3 (1) 局部视 移出断面 (3) 4 16 2 深度 (4) 管螺纹，公称直径1/2英寸

7-5-1 (1) 6 3 螺钉 M16×50、垫圈 12-140HV、螺母 M14 (2) 座板 HT200 螺杆 45 (3) 普通 14 右旋 7g 7H (4) 180 60 98 (5) 正方形断面，边长为9

7-5-2 (1) 假想 沿结合面剖切 (3) 孔 间隙 孔 过盈 否 (4) 毛毡 密封 螺母(件 11) (5) G3/8 2×φ7、70 128、90、96 (6) 3 9

7-5-3 (1) 全 局部 拆卸 (2) 5 12 端盖 座体 带轮 齿轮 防止带轮和齿轮脱落 (3) 6305 深沟球 φ62 座体 φ25 轴 (4) 端盖 座体 孔 间隙 (5) 4×φ9 128 80

## 第八章

8-2-1 (1) 反应器 27 12 8 φ1800 12 0.7 168 0.9 179 80 (2) 2 5 1 剖视和多次旋转 管口方位 (3) 接管 封头 出料管 蛇管 (4) 焊接 焊接 双头螺柱 4 耳式 (5) 联接减速机和搅拌轴 补强圈 增加封头开孔处强度 设备内部维修作业出入 (6) c e 蛇管 φ1350 蒸汽 a b

8-2-2 (1) 制造 装配 安装 检验 (2) 管口表 技术特性表 (3) 容器 反应器 换热器 塔器 (4) 筒体、封头、法兰、支座、人孔、手孔 (5) 圆 焊接 孔口和接管 (6) 2 主视图 俯视图 主视图 左视图 (7) 多次旋转 (8) 设备的外圆轮廓 中心 粗实 (9) 对接 搭接 角接 T型接 (10) 特性尺寸 装配尺寸 安装尺寸 外形尺寸

## 第九章

9-1-1 (1) 10 3 后冷却器、气液分离器、干燥器、除尘器、贮气罐 (2) IA0601-57 TI-0601 后冷却器 E0601 (3) 温 TI0602 IA0602-57 气液分离器 (4) IA0603-57 干燥器 IA0604-57 止回 截止 压 除尘器 (5) IA0605-57 截止 取样 IA0606-38 IA0607-38 (6) 对除尘器进行吹气清洁 (7) RW0601-32 RW0601-25 截止 DR0601-32 (8) IA0601-25 截止 止回 防止空气倒流 (9) 21 5 5 2 (10) 物料 车间（工段） 管段序号 管径×壁厚

9-1-2 (1) 平面 剖面 (2) 2000 A 北 1500 2000 6000 8000 8 北 内 (3) 0.1 0.25 3.1m 4.3m 5.0m

9-1-3 (1) 空压站（除尘器部分） V0602A V0602B 除尘器 (2) IA0604-57 4.3m V0602B 下 1.8m 上 东 IA0604-32 2.1m 下 1.5m 东 压 1.2m (3) 上 下 0.5m IA0605-57 储气罐 V0603 (4) 0.3m 南 BD0603-32 上 (5) 8 北

9-1-4 (1) 化工生产过程 方案流程图 施工流程图 (2) 示意 展开 设备分类代号 车间或工段号 设备序号 (3) 细实 主要物料流程线 (4) 平面 立面 剖面 平面 (5) 标高 m mm (6) 厂房建筑图 设备布置 设备 细实 (7) 设备布置图 管路 阀门 控制点 指导管路的安装施工 (8) 平面 剖面

## 附录 2　部分习题轴测图

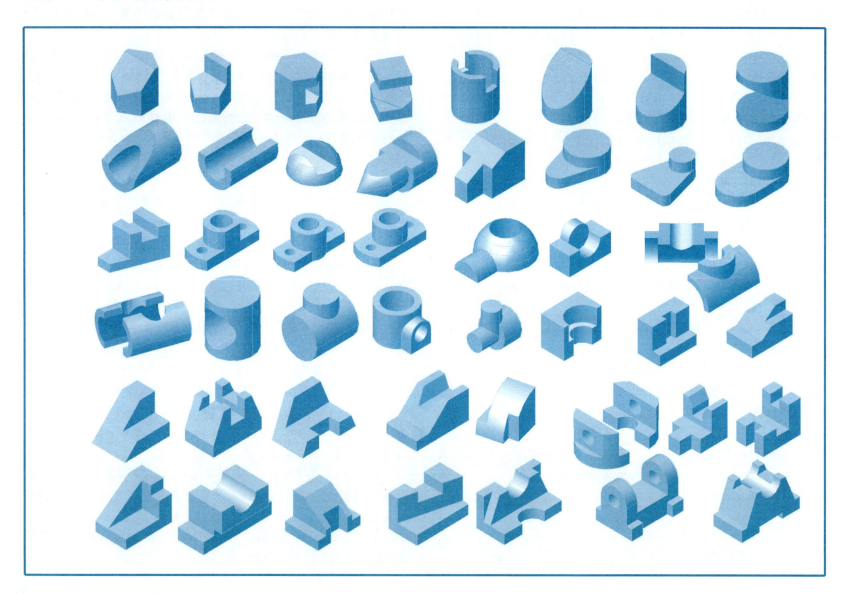

附录 2　部分习题轴测图（续）

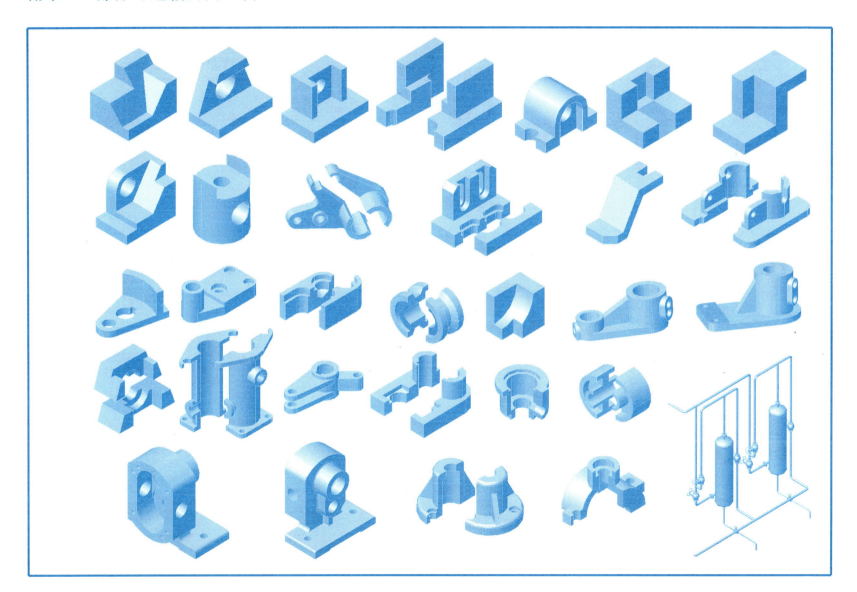

## 参 考 文 献

[1] 熊放明主编. 化工制图习题集. 第2版. 北京：化学工业出版社，2018.
[2] 王成华主编. 化工制图习题集. 第2版. 北京：化学工业出版社，2016.